建筑设计原理和设计实践

江 鹏 著

U0335968

吉林科学技术出版社

图书在版编目（CIP）数据

建筑设计原理和设计实践 / 江鹏著 . -- 长春 ： 吉
林科学技术出版社，2023.6
ISBN 978-7-5744-0653-7

Ⅰ．①建… Ⅱ．①江… Ⅲ．①建筑设计 Ⅳ．① TU2

中国国家版本馆 CIP 数据核字（2023）第 136529 号

建筑设计原理和设计实践

著	江 鹏
出 版 人	宛 霞
责任编辑	李万良
封面设计	树人教育
制 版	树人教育
幅面尺寸	185mm×260mm
开 本	16
字 数	280 千字
印 张	12.5
印 数	1–1500 册
版 次	2023年6月第1版
印 次	2024年2月第1次印刷

出 版	吉林科学技术出版社
发 行	吉林科学技术出版社
地 址	长春市福祉大路5788号
邮 编	130118
发行部电话/传真	0431-81629529 81629530 81629531
	81629532 81629533 81629534
储运部电话	0431-86059116
编辑部电话	0431-81629518
印 刷	三河市嵩川印刷有限公司

书 号	ISBN 978-7-5744-0653-7
定 价	75.00元

前　言

　　建筑设计与构造是研究建筑设计的思路和房屋构造组成、构造原理及构造方法的一门课程，是建筑类各专业的主要专业课，是一门与生产实践密切结合的学科，在建筑类专业教学体系中占有十分重要的地位。该课程不仅能帮助学生掌握房屋的构造组成、构造原理和构造方法，还能为学生认识建筑、了解建筑提供重要途径。它不仅是学好其他专业课程的基础，也是学生今后工作能力考核和专业技能考核的重要组成部分。只有掌握本课程的主要内容，并有机地运用其他专业知识，才能熟练地掌握常见房屋建筑的构造方法，更加准确地理解设计意图，进行合理施工和预算。

　　在本书的撰写过程中，国内一些高等院校的老师为我们提出了很多宝贵建议，使教材体系和内容更符合教学需要。在此，特向他们表示诚挚的感谢。由于笔者水平有限，书中若有不妥和疏漏之处，敬请广大读者批评指正。

目　录

第一章　建筑设计理论研究

第一节　高层建筑设计

当前，城市的高层建筑在外部造型设计上多追求建筑形象的新、奇、特，都想表现自己，突出自己，而这样做的结果只能使整个城市显得纷繁无序、建筑个体外部体量失衡，缺乏亲近感，拒人于千里之外。造成这种现象的主要原因是由于缺乏对高层建筑的外部尺度的推敲，所以，针对高层建筑的外部尺度进行研究是很有必要的。

首先定义一下尺度，所谓的尺度就是在不同空间范围内，建筑的整体及各构成要素使人产生的感觉，是建筑物的整体或局部给人的大小印象与其真实大小之间的关系问题。包括建筑形体的长度、宽度、整体与整体、整体与部分、部分与部分之间的比例关系，以及对行为主体产生的心理影响。高层建筑设计中尺度的确难以把握，因它不同于日常生活用品，不像日常生活用品那样很容易根据经验做出正确的判断，一是高层建筑物的体量巨大，远远超出人的尺度；二是高层建筑物不同于日常生活用品，在建筑中有许多要素不是单纯根据功能这一方面的因素就能决定大小和尺寸的。例如门，本来略高于人的身高尺度就可以了，但有的门出于别的考虑设计得很高，这些都会给辨认尺度带来困难。设计高层建筑时，不能单单重视建筑本身的立面造型，而应以人的尺度为参考系数，充分考虑人的观察视点、视距、视角，从宏观的城市环境到微观的材料质感的设计都要创造良好的尺度感。高层建筑的外部尺度主要分为五种：城市尺度、整体尺度、街道尺度、近人尺度、细部尺度。

一、高层建筑设计中的外部尺度

（一）城市尺度

高层建筑是一座城市的有机组成部分，因体量巨大，常作为城市的重要景点，对城市产生重大影响。这种影响表现在高层建筑对城市天际线的影响上，城市天际线有实、虚之分，实的天际线即是建筑物的轮廓，虚的天际线是各建筑物顶部之间连接的光滑曲线，高层建筑在城市天际线中起着重要的作用，因城市的天际线从很远的地方就可以看见，所以是城市给进入城市的人的第一印象。因此，高层建筑尺度的确定应与整个城市的尺度相一致，不能脱离城市、自我夸耀、唯我独尊，否则不利于优美、良好天际线的形成，会直接影响城市景观。高层建筑对城市整体或局部产生的影响主要是针对市内比较开阔的地方。因此，城市天际线不仅影响人从城市外围所看的景观，也直接影响城市内人们的生活与视觉感受。高层建筑对城市各构成要素也会产生重大的影响，因此高层建筑的位置、高度的确定，应充分考虑城市尺度、当地文化，不当的尺度会对城市产生不良影响，不仅破坏城市传统的历史文化，也破坏原来城市各个构成要素之间协调的比例关系。

（二）整体尺度

整体尺度是指高层建筑的各个构成部分，如裙房、建筑主体和建筑顶部等主要体块之间的相互关系及给人的感觉。整体尺度是设计师十分注重的元素，关于建筑整体尺度的均衡理论有许多，但都强调了整体尺度均衡的重要性。面对一栋建筑物时，人的本能是能把握该栋建筑物的空间秩序，若不能做到这一点，人对该建筑物会有一种毫无意义的混乱和不安的感受。因此，对建筑物的整体尺度的掌握是十分重要的，在设计时要格外注意。

各部分尺度比例的协调。高层建筑一般由三个部分组成——裙房、建筑主体和建筑顶部，有些建筑会在设计中加入活泼元素，以使整栋建筑造型生动活泼。造型美是建立在很好地处理了部分之间的尺度关系的基础上的，而这三个部分尺度的确定，应有一个统一的尺度参考系（如把建筑的某一层高度作为参考系），不能各部分的尺度参考系都各不相同。

高层建筑中各部分细部尺度应有层次性。高层建筑各部分细部尺度的划分是建立在整体尺度的基础上，各个主要部分应有更细的划分，尺度也应划分出等级，才能使各个部分的造型构成更加丰富。尺度等级最高部分可以是高层建筑的某一整个部分（如裙房、建筑主体和建筑顶部），最低部分通常采用层高、开间的尺寸、窗户、阳台等这些为人们所熟知的部件尺度，使人们观察该建筑时容易把握尺度的大小。一般在最高和最低等级之间还会有 1 ~ 2 个尺度等级，不宜过多，太多易使建筑造型复杂，难以把握。

（三）街道尺度

街道尺度是指高层建筑临街面的尺度对街道行人的视觉影响。这是人对高层建筑的近距离感知，也是高层建筑设计中重要的一环。临近街道的高层建筑部分尺度的确定，要考虑到街道行人的舒适度，高层建筑主体尺度过大，宜使底层的裙房置于沿街部分。减少高层建筑对街道的压迫感。例如上海南京路两边的高层建筑置于裙房后面，形成了良好的购物环境。为了保持街道空间及视觉的连续性，高层建筑临街面应与沿街其他建筑的尺度相一致，宜有所呼应。如在新加坡，为了不使新区高层建筑和老区低层建筑截然分开，为临近老区一侧的新区高层建筑设计了与低层建筑尺度相同或相似的裙房，形成了良好的对应关系。

（四）近人尺度

近人尺度是指高层建筑底层及建筑物的出入口的尺寸给人的感觉。这部分经常为使用者所接触，也易被人们仔细观察，是人们对建筑产生直接感触的重要部分。尺度设计应以人的尺度为参考系，不宜过大或过小，过大易使建筑缺少亲近感，过小则减弱了建筑的尺度感，使建筑犹如玩具。

在设计近人尺度时，应特别注意建筑底层及入口的柱子、墙面的尺度划分，檐口、门、窗及装饰的处理。对入口部分及建筑周边空间加以限定，创造一个由街道到建筑的过渡缓冲空间，使人心理有一个逐渐变化的过程。如上海图书馆门前采用柱廊的形式，使出入馆的人有一个过渡区，建筑更具有近人感及亲近感。

（五）细部尺度

细部尺度是指高层建筑更细的尺度，主要是指材料的质感。在生活中，有的事物人们喜欢触摸，有的事物人们不喜欢触摸，人们用"美妙"和"可怕"来形容对这些事物的感受，这也形成人的视觉质感。建筑设计师在设计过程中要充分运用不同材料的质感，塑造建筑物，吸引人们去触摸来取得眼睛的亲近感。换言之，通过质感产生一种视觉上优美的感觉。勒柯布西埃建造的修道院是运用或者更确切地说是留下大自然"印下"的质感的优秀典范，这里的质感，也就是用斜撑制作在混凝土上留下的木纹。

二、高层建筑外部尺度设计的原则

（一）建筑与城市轮廓在尺度上的统一

应当注意高层建筑布置对城市轮廓线的影响。在城市轮廓线的组成中，起最大作用的是建筑物，特别是高层建筑，因而它的布置应遵循有机统一的原则。高层建筑聚集在一起布置，形成城市的"冠"，但为避免相互干扰，可以采用一系列不同的高度，或采用相仿高度，但彼此间距适当，组成和谐构图。也可以单栋高层建筑布置在道路转弯处，丰富行人的视觉观赏。若高层建筑彼此间毫无关系，随处随地而立，缺少凝聚感，则无法构成令人满意的和谐整体的感觉。高层建筑的顶部应杜绝雷同，雷同会极大影响轮廓线的优美感。

（二）高层建筑在尺度上要有序

设计高层建筑应遵循建筑的城市尺度、整体尺度、街道尺度、近人尺度、细部尺度这五尺度的序列，具体到某一尺度设计中，要遵守尺度的统一性，不能把几种尺度混淆使用，如此才能保证高层建筑物与城市之间、整体与局部之间、局部与局部之间及局部与人之间良好的有机统一。

（三）高层建筑形象在尺度上要有可识别性

高层建筑物上要有一些局部形象尺度，使人能把握其整体大小。除此之外，也可用一些屋檐、台阶、柱子、楼梯等来表示建筑物的体量。任意放大或缩小这些习惯的认知尺度部件就会造成错觉，产生不好的效果，但有时也利用这种错觉来取得特殊的效果。

高层建筑的外部尺度影响因素很多，设计师在设计高层建筑时应充分把握各种尺度，结合人的尺度，满足人使用、观赏的要求，来创造出优美的高层建筑外部造型。

第二节　生态建筑设计

生态建筑的设计与施工必须建立在保护环境、节约能源、与自然协调发展的前提下。设计师应在确定建筑地点后，针对施工地点的实际状况因地制宜地开展设计工作，在保证建筑工程质量以及使用寿命的前提下，满足建筑绿色化、节能化与可持续发展。本节对生态建筑做了简单概述，重点对生态建筑设计原理及设计方法进行了分析，希望对从事相关工作的人能有所帮助。

生态建筑是一门基于生态学理论的建筑设计，设计的主要目的是促进自然生态和谐，减少能源消耗，创建舒适环境，提高资源利用率，营造出适合人与自然和谐共处的生态环境。现如今，生态建设作为新兴的建筑方式备受人们关注，绿色低碳的建筑理念及较高水平的节能环保作用是其显著特点。生态建筑设计的普遍应用顺应了时代发展的潮流，符合现代化建设的需求，使建筑归于自然，有利于建设和谐的生态环境。

生态建筑作为一种新兴事物，综合生态学与建筑学概念，充分结合现代化与绿色生态建设理念，是典型的可持续发展建筑。在进行生态建筑设计时，需要充分考虑人、自然及建筑之间的和谐，基于建筑的具体特征，综合分析周边环境，利用自然因素，采用生态措施，建设适于人类生存和发展的建筑环境，提高生态资源的利用率，降低能源消耗，改善环境污染问题。生态建筑源于人们日常生活中所聚集的所有意识形态和价值观，突出了生态建设所具有的较强的社会性。

一、生态建筑设计原理

（一）自然生态和谐

人尽皆知，施工会对自然环境造成较大的破坏。在工程竣工及日后的实际使用中还会继续加大对环境的污染，导致生活环境不断恶化。所以，在进行生态建设时，需要高度重视建筑设计，严格监控工程施工，把施工中对环境的破坏降到最低，减少建筑的能源消耗，保护环境。生态建筑善于利用自然因素，通过对阳光的充分利用，可以降低在施工中对照明设备的使用率，灵活地利用建筑中的水池以及喷水系统用来充当制冷设备。在建筑设计过程中，要注意通风口位置，确保建筑与设备通风及时，保证建筑设计的室内外空气流通顺畅。

（二）降低能源消耗

生态建筑是现代化发展的产物，是人类生活必不可少的，在生态建筑设计中最关键的部分就是节能。生态建筑设计是在确保各项设施功能正常运行的情况下，最大限度地减少施工过程中的资源浪费，提高资源利用率。在生态建筑设计过程中，要尽可能地减少无用设计，避免因过度包装而产生的浪费现象。要有效利用自然能源，通过对生物能及太阳能等能源的利用，降低能源消耗，避免因能源大规模消耗而产生环境污染现象。

（三）环境高度舒适

用户的实际居住效果是评判生态建筑是否符合要求的关键。在设计生态建筑时，必须充分满足使用者对建筑舒适度的要求，使设计出来的建筑不再是没有生命的物体，所以，在实际的生态建筑设计过程中，必须以使用者的舒适与健康为主要目标，设计舒适度高且符合使用者健康标准的建筑。要想创造舒适度高的环境，就要保证建筑物各区间功能的完整性，让使用者的生活更加方便。除此之外，必须确保建筑物内的光线充足，保证建筑的内部温度以及空气的湿度适宜居住。

二、生态建筑设计方法

（一）材料合理利用的设计方法

生态建筑具有完美的绿色建筑系统机制，通过对旧建筑材料的回收再利用，最大限度地降低材料浪费，减小污染物的排放量，符合绿色生态理念。在建筑拆迁中，所产生的木板、钢铁、绝缘材料等废旧建筑材料经过处理可供新建筑工程再次利用，在符合设计理念及要求的前提下，科学合理地使用再生建筑材料，有效减少对环境的伤害。可再生材料的应用，可以在一定程度上减轻投资负担，节约建筑成本，避免因过度开采所产生的生态问题，把建筑施工对环境的破坏降到最低，营造绿色的生态环境。

（二）高效零污染的设计方法

高效零污染的设计方法，主要是指生态建筑在节能方面的作用，在充分确保建筑基础功能的情况下，最大限度地减少材料的使用，提高资源利用率。这种设计方法通过对自然资源的有效使用，降低矿物资源的使用量。近年来，随着人们观念的不断转变，新能源的广泛使用，太阳能被广泛应用于建筑之中，人们利用太阳能实现降温、加热等目的，还可以利用物理知识，通过热传递，保持建筑内的空气流通，加大室内温度调控的力度，在为使用者提供舒适环境的同时实现节能环保的效果。

（三）室内设计生态化的设计方法

在生态建筑理念的影响下，室内设计必须根据资源及能源的消耗，设计出既节能环保又比较实用的生态建筑，防止资源过度消耗。与此同时，还应该控制装饰材料的使用量，制定合理的装饰成本预算。与此同时，在室内设计过程中还应该添加绿色设计，通过植物的光合作用，降低空气中的二氧化碳含量，改善空气质量，打造宜居环境。绿色设计具有装饰效果，可以应用到阳台及庭院设计中。

（四）结合地区特征科学布局的设计方法

在生态建筑设计过程中，需要充分考虑当地的地区特点及人文特征。建筑设计应以周边环境为基础开展生态建设工作，使自然资源得到充分有效的运用。在设计生态建筑时，需要确保在不破坏周边环境的情况下，设计出具有地域特色的生态建筑。结合自然与人工因素，改善人们的生活环境，控制避免自然环境被破坏的现象，营造人与自然和谐共处的生态环境。

（五）灵活多变的设计方法

灵活多变的设计是生态建筑设计的重要方法，可以通过选择更适合的建筑材料得以实现。在设计生态建筑过程中，如何挑选建筑材料是建筑合理性的重要前提。设计师在进行生态建筑设计时，需要熟知所有建筑材料的使用情况，需要了解四周环境，并以此为依据选择最合适的建筑材料，保证建筑的节能环保效果。加大对废旧建筑材料的循环利用，解决能耗问题。为实现生态建设的可持续发展，国家在选择和利用建筑材料方面制定了越来越高的标准。建筑材料的选择与生态建筑设计的各个方面都息息相关，如为减少太阳辐射，可以加入窗帘等构件，把建筑内部温度控制在合理范围内，维持空气湿度的平衡，确保所设计的建筑适宜居住，降低风扇的使用率，达到节能的效果。

总之，通过对生态建筑设计原理与设计方法的了解，明确了只有以自然生态和谐、降低能源消耗、环境高度舒适为依据，通过合理利用材料、高效零污染、生态化室内设计、使用清洁能源、灵活多变的设计方法等多方面因素的综合考量，才能创造出科学的生态建筑设计。生态建筑设计作为一种新兴事物，顺应了新时代发展的潮流，满足了生态文明建设的要求，对人与自然和谐共处具有促进作用。生态建筑所具有的绿色特性，使更多人开始关注绿色技术，生态建设设计要求以人为本，打造符合各类人群需求的居住环境。只有从国情出发，遵循可持续性发展原则，加强人们的生态环保意识，才能设计出具有生态效益的建筑。

第三节　建筑结构力学

随着建筑业的发展，人们的生活水平也不断提高，从古时的木屋到如今矗立的高楼，人们在不断地享受着建筑业带来的丰硕成果。建筑业的发展不管方向如何都离不开一个宗旨，那就是安全为第一发展。建筑的结构形式必须满足对应的力学原理，才能保证建筑物的稳固与安全。

建筑业的发展带动了各大产业的发展，形成了一个经济圈。可以说建筑业是拉动我国经济发展的支柱产业之一。随着时代的发展，人们对建筑更增加了关于审美观念、环保理念方面的要求，但不管是美轮美奂的园林式建筑还是朴实无华的民用建筑，都离不开力学原理的支撑，安全是建筑业自始至终必须坚持的第一要务，这是对建筑工程师和结构工程师的基础性技术要求。

一、建筑结构形式的发展过程

我国的建筑结构形式可追溯到旧石器时代，也就是构木为巢的草创时期。随着时间的推移，人类文明在进步，建筑业在不断发展和创新，由木结构发展到以砖石结构为主的新阶段，万里长城就是该阶段最主要的代表，以砖、石为主要材料，经千年而不毁，其坚固程度可想而知，并且还被列入世界文化遗产。西方文化传入后，经我国传统文化广泛借鉴和吸收，建筑业迎来了跨越和发展，梁、板结构迎来了发展与成熟期。尤其到了明清时期，各类建筑物如雨后春笋般破土而出，各式的园林、佛塔、坛庙、宫殿以及帝陵纷纷采用了梁、板的结构形式。建筑业一直随着人类文明的发展在不断地进行着改变，反过来又推动了人类经济的发展。

二、建筑结构形式的分类

根据使用材料的不同可将建筑结构分为四类。一是以木材为主的木结构，即在建筑过程中使用的基本都是木制材料。由于木材本身较轻容易运输、拆装，还能反复使用，所以使用范围广，如在房屋、桥梁、塔架等都有使用，近年来由于胶合木的出现，再次扩大了木结构的使用范围，在我国许多地产建筑和园林建筑中，有不少都以木结构为主。二是砌体结构，在进行建筑工程材料配置过程中，承重部分以砖石为主，楼板、楼顶以钢筋混凝土为主，这种结构大多用于居住建筑和多层民用房屋中。三是混凝土结构，包括素混凝土结构。钢筋混凝土结构等，随着时代的发展、理论的研究以及施工技术的改进，这一形式逐步完善。四是钢结构，这种结构形式的承重能力是四种形式当中最强的，适用于超高层的建筑工程。

三、建筑结构形式中所运用的力学原理

从建筑业的发展史来看，不管建筑业的结构形式和设计重心如何变化，不论是以美观为建筑方向，还是以安全为方向，都有一个共同的特点是不变的，那就是保证建筑工程的安全性，以给人们提供舒适的生活环境的同时还要保证人们的生命财产安全为目的。在进行建筑设计时，安全性与力学原理是密不可分的，结构中的支撑体承受着荷载，而外荷载会产生支座反力，对建筑结构中的每一个墙面都产生一定的剪力、压轴力、弯矩、扭曲力。在实际施工过程中危险性最强的是弯矩，当弯矩作用在墙体上时，所施力量分布并不均匀，会使一部分建筑材料降低功能性，从而影响整个建筑的安全性，严重时会导致建筑物的坍塌。因此，在建筑工程进行规划设计和施工过程当中，都要将力学原理运用到位，精细、准确地计算出每面墙体所能承受的作用力。在进行材料选择时，一定要以力学规定为依据，保证所用材料达到相关质量标准，保证建筑工程的安全性。

四、从建筑实例分析力学原理的使用

（一）使用砌体结构的实例

砌体结构是最古老也是最常见的一种建筑结构，使用和发展在人类的文明史中起到了不可替代的作用。其中最为著名、最令人惊叹的就是古埃及法老为了彰显其地位所建造的胡夫金字塔。金字塔高约 146.5m，底座长约 232m，塔身由用 230 万块石头堆砌而成。后来经过专业人士证实，金字塔在建造过程中没有使用任何黏合剂，由石头一一堆叠而成，在建筑结构中是最典型的砌体结构形式，所使用的力学原理就是压应力，经历多年的风雨依然屹立不倒。这种只使用于压应力原理的建筑结构形式非常简单，是建筑结构发展的基础，但是因为不能充分地利用建筑空间，不能满足社会发展的需求，所以人们在建筑过程中逐渐引入了更多新的力学原理。

（二）木结构的使用案例

木结构使用的主要材料就是木材，随着时代的不断发展，在很多建筑工程中需要使用弯矩，由于石材本身所能承受的拉力强度过低，无法完成任务。木材由于韧性较强，可以承受一定程度的拉力和压力而被广泛使用。我国的大部分宫殿、园林建筑采用的都是木结构，如建于明永乐四年至十八年的故宫，是我国现存规模最大最完整的古建筑群，建筑主要采用木结构。雕梁画栋的古建筑，将我国传统的建筑结构优势发挥得淋漓尽致。采用的力学原理是简支梁的受弯方式，在我国建筑业中发挥了极为重要的作用。但是由于木材本

身不耐高温，极易引发火灾，又容易被风化侵蚀，极大地缩短了建筑物的使用寿命，也降低了安全性。

（三）桁架结构和网架结构的使用案例

该结构是随着钢筋混凝土的出现而得到发展的。从力学原理来分析，桁架和网架结构可以减少建筑结构部分材料的弯矩，对于整体弯矩还是没有作用力，在建筑业中被称为改良版的木结构，所承受的弯矩和剪力并没有因为结构形式的变化而产生变化，相反整体的弯矩更是随着建筑物跨度的加大而快速加大，截面受力依旧不均匀，内部构件只承受轴力，而单独构件承载的是均匀的拉压应力。此改变让桁架和网架结构比梁板柱结构更能适应跨度的需求，如国家体育场（鸟巢）就是运用了桁架和网架的力学原理建造成功的。

（四）拱结构和索膜结构的使用案例

随着社会生产力的不断发展，人们对建筑性质、建筑质量有了更高的要求，随之而来的是建筑难度的不断增加，需要运用更多的力学原理才能满足现代社会对建筑的需求。拱结构满足了社会发展对建筑业大跨度空间结构的需求。拱结构运用的是支座水平反力的力学原理，通过对截面产生负弯矩抵消荷载产生的正弯矩，能够覆盖更大面积的空间，如1983年日本建成的提篮式拱桥就是运用了拱结构的力学原理，造型非常美丽。但由于荷载具有变异性，制约了更大的跨度，运用索膜结构的力学原理更为合理，将弯矩自动转化成轴向接力，成为大跨度建筑的首选结构形式。如美国的金门悬索桥、日本的平户悬索桥，就都运用了索膜结构的力学原理。

建筑结构形式的发展告诉人们，不管什么样的建筑结构都需要力学原理的支撑，最终目标都是保证建筑的安全性。在新时代背景下发展的建筑结构同样离不开力学原理的支撑，力学原理是一切建筑结构的理论与基础，只有科学合理地使用力学原理，才能保证建筑工程的安全性。

第四节　建筑物理设计

本节较为详细地阐述了光学、声学、热学等物理原理知识在建筑中的实际应用。通过分析一些物理现象，来由浅入深地探讨物理知识在建筑物理设计中的作用与意义。例如利用光在建筑材料上的反射性，使室内外的光学环境达到满足人类舒适度的要求；建筑上的声学则通过对房间形状的合理设计以及材料的合理选择用来保证绝佳的隔音效果，使建筑的性能达到最佳；就建筑物内的温度来说，墙面、地面或者桌椅板凳等人类经常接触到的地方，应该挑选符合皮肤或者随着四季温度变化的建筑材料，才不致于在外界环境变冷变热时让人感到不适；利用静电场的物理原理来防止建筑物遭受雷击（运用避雷针）。

物理学是一门基础的自然学科，是研究自然界的物质结构、物体间的相互作用和一般运动规律的自然科学。在日常生活中，物理学原理也随处可见，如果无法正确地理解这些物理学知识，在建筑中就无法巧妙地运用这些物理学知识。其实，在建筑设计中，许多看似复杂的问题都能够运用物理原理来解决。本节主要针对物理原理在建筑设计中的应用展开分析，希望能为建筑设计工作提供一定的参考。

建筑物理，顾名思义是建筑学的组成部分。其任务在于提高建筑的质量，为我们创造适宜的生活和工作学习的环境。该学科形成于 20 世纪 30 年代，其分支学科包括：建筑声学，主要研究建筑声学的基本知识、噪声、吸声材料与建筑隔声、室内音质设计等内容；建筑光学，主要研究建筑光学的基本知识、天然采光、建筑照面等内容；建筑热工学，研究气候与热环境、日照、建筑防热、建筑保温等内容。

一、物理光学在建筑中的应用

调查显示，随着社会对创新型人才要求的提高，我国也紧随世界潮流，将培养学生创新精神和科研能力作为教育改革的重点。创新精神有利于将物理学原理更好地运用于建筑学中。这凸显了当代教育培养创新型人才的必要性。在生活中，利用太阳能采暖就属于物理学原理，这在建筑中属于比较成功的运用。这种设计有效地促进了资源节约型社会的建设，符合社会发展的理念。太阳能是一种可持续利用的清洁能源，因其使用成本很低、安全性能高、环保清洁等优点被广泛采用。这是物理原理应用在建筑中经典的案例，是值得借鉴的经验。

二、物理声学在建筑中的应用

现代生活中，人们每时每刻都要面对各种建筑，如商场、办公楼、茶餐厅等，这些建筑的构思与设计很多都运用了物理学原理。越高规格的建筑对相关物理原理运用的要求就越苛刻、越精细。比如各个国家著名的体育馆或者歌剧院等，这些地方对建筑声学的要求极为严格，因为这会直接影响观众的视觉体验与听觉感受。这些建筑内所采用的建筑装饰材料都对整体声学效果有很大影响。比如最常见的隔音装置，如果一栋建筑内的隔音效果特别差，是一定不会得到别人的青睐的。再比如生活中高楼上随处可见的避雷针，是用来保护建筑物避免雷击的装置。人们在被保护物顶端安装一根接闪器，用符合规格的导线与埋在地下的泄流地网连接起来。当出现雷电天气时，避雷针就会利用自己的特性把来自云层的电流引入大地，从而使被保护物体免遭雷击。不得不说，避雷针的发明帮助人类减少了许多灾害。假使没有物理学原理做铺垫，建筑物即使设计工作做得再好也只是徒劳，只有两者结合起来才会相得益彰，共同为人类进步做贡献。这是物理原理在建筑中应用的成功案例，也是今后人类奋斗的动力和榜样。

三、物理热学在建筑中的应用

实践证明，自然光和人工光在建筑中如果得到合理利用，可以满足人们工作、生活、审美和保护视力等要求。此外，热工学在建筑方面的应用主要考虑的是建筑物在气候变化和内部环境因素影响下的温度变化。建筑热学的合理利用能够通过建筑规划和设计上的相应措施，有效地防护或利用室内外环境的热湿作用，合理解决建筑和城市设计中的防热、防潮、保温、节能、生态等问题，创造可持续发展的人居环境。像一个诺贝尔奖的得主所说的："与其说是因为我发表的工作里包含了对一个自然现象的发现，倒不如说是因为那里包含了一个关于自然现象的科学思想方法基础。"物理学被人们公认为是一门重要的学科在前人及当代学者的不断研究中快速发展、壮大，形成了一套有思想的体系。正因为如此，物理学当之无愧地成了人类智能的象征，创新的基础。许多事实也表明，物理思想与原理不仅对物理学自身意义重大，对整个自然科学，乃至社会科学的发展都有着不可估量的贡献。建筑学就是个很好的例证。有学者统计过，自20世纪中叶以来，在诺贝尔奖获得者中，有一半以上的学者有物理学基础或者学习物理背景，间接说明了物理学不管是在生活中还是研究中都有很大的帮助。这可能就是物理学原理潜在的力量。建筑学如果离开了物理学，那么世界上将不会有那么多的优秀作品出现。我国著名的建筑学家梁思成建造出那么多不朽的建筑，和他自身的物理学知识密不可分。

综上所述，建筑中的物理学原理主要体现在声学、光学以及热工学等方面。合理的热工学设计能使建筑内部更具有舒适感，使建筑本身的价值达到最大化。至于在光学方面，足够的自然光照射是必需的条件，也就是常说的采光问题，建筑内各种灯光的合理设置也是同样重要的。两者互补才能在各种情况下都能保证建筑内光源充足。声学方面也十分重要，许多公共场所对光学和声学的要求很高，所以建筑物理学的应用是很普遍的，生活中随处可见。建筑物理学也特别重视从建筑观点研究物理特性和建筑艺术感的统一，物理原理在建筑中的应用是人类发展史上具有重要意义的发现，以后的发展也一定会更好。

第五节　建筑中的地下室防水设计

本节分析了民用建筑中地下室漏水的主要原因，介绍了民用建筑中地下室防水设计的原理，对民用建筑中地下室防水设计的方法进行了深入探讨。

随着地下空间的开发，地下建筑的规模不断扩大，功能逐渐增多，同时对地下室的防水要求也逐渐提高。在地下工程实践中，经常会遇到各种与防水有关的情况和问题。

一、民用建筑中地下室漏水的原因

（一）水的渗透作用

一方面，由于民用建筑中的地下室多在地面之下，使得土壤中的水分以及地下水在压力和重力的作用下，逐渐在地下室的建筑外表面聚集，并逐渐开始浸润在地下室的建筑表面。当这些水的压力使其穿透地下室建筑结构中的裂缝时，水就开始向地下室内渗透，导致地下室出现漏水的现象。另一方面，由于下雨或者地势低洼等因素所造成的地表水在民用建筑地下室的外墙聚集，问题随着时间的推移，在压力和分子的扩散运动和共同作用下，其对地下室的外墙形成渗漏，久而久之造成地下室漏水。

（二）地下室构筑材料产生裂缝

地下室外四周的围护建筑，绝大多数是钢筋混凝土结构。钢筋混凝土的承压原理来自其自身的细小裂缝，通过这些微小的形变来抵消作用在钢筋混凝土表面的作用力。这种微小的裂缝虽然不明显，但是对于深埋地下的地下室围护建筑而言，是无法防止水渗透的。此外，由于热胀冷缩的影响，地下室围护建筑中的钢筋混凝土在收缩时不可避免地会产生收缩裂缝。这些裂缝就会使水进入地下室的通道，造成地下室渗水。

（三）地下室的结构受到外力作用，发生形变

在地质构造运动等外力影响和作用下，地下室的结构会发生形变，遭到破坏，失去防水作用，从而出现漏水现象。

二、民用建筑中地下室防水设计的原理

通过对造成民用建筑中地下室出现渗水、漏水的因素进行分析，可知水的渗透和地下室结构由于各种复杂因素产生的裂缝是漏水的主要原因，因此在对地下室进行防水设计时，要减小或消除这些因素的影响。由于地下室受所处空间位置的影响，地下室围护建筑的表面水分聚集是很难改变的，因此我们需要将对民用建筑地下室防水的重点放在对其附近的水分疏导排解以及减少结构形变和避免产生裂缝这些问题上。因此，在民用建筑中地下室防水设计的重点就是对地下室建筑表面的水分进行围堵和疏导。所谓地下室防水设计中的"围堵"，首先是在地下室建造的过程中，要对所设计的建筑进行不同层级的分类，根据《地下工程防水技术规范》对民用建筑中地下室的防水要求，明确地下室的防水等级，确定防水构造。防水设计的原理主要是对地下室主体结构的顶板、地板以及围护外墙采取全包的外防水手段。地下室防水设计中的"疏导"，主要原理就是通过构筑有效的排水设施，将聚集在地下室建筑外围表面的水进行有效疏导，给出一个渗透出路，降低渗透压力，进

而减轻其对地下室主体建筑的渗透和破坏，并通过设备将这些水分抽离地下，使其远离地下室的围护建筑。

三、民用建筑中地下室防水设计的方法

（一）合理选用防水材料

就民用建筑而言，最常用的防水材料主要有防水卷材、防水涂料、刚性防水材料和密封胶粘材料四种类型。防水卷材又包括改性沥青防水卷材和合成高分子防水卷材两种。一般来说，防水卷材借助胶结材料直接在基层上进行粘贴，延伸性极好，能够有效预防温度、震动和不均匀沉降等造成的变形现象，整体性极好。同时，工厂化生产可以保证其厚度均匀，质量稳定。防水涂料则主要分为有机防水涂料和无机防水涂料两种，防水涂料具备较强的可塑性和黏结力，在基层上直接涂刷，能够形成一层满铺的不透水薄膜，具备极强的防渗透能力和抗腐蚀能力，在整体性、连续性方面都比较好。刚性防水层是指以水泥、沙石为原材料，掺入少量外加剂，抑制或调整孔隙度，改变空隙程度，形成具有一定抗渗性的混凝土类防水材料。

（二）对民用建筑地下室进行分区防水

在民用地下室防水设计的实际工作中，可以采取分区防水的方法。这种方式主要是根据地下室的形状和结构将地下室进行分区隔离，形成独立的防水单元，减少水在渗透某一区域后对其他区域的扩散和破坏。对于一些超大规模的民用建筑的地下室，可以采取分区隔离的防水策略，以减少地下室漏水造成的破坏。

（三）使用补偿收缩混凝土以减少裂缝的产生

在民用建筑的地下室防水设计中，可以采取补偿收缩混凝土的方式来减少混凝土因热胀冷缩所产生的裂缝，从而进行有效防水。补偿收缩混凝土会用到膨胀水泥来进行配制，常用的有低热微膨胀水泥、明矾石膨胀水泥以及石膏矾土膨胀水泥等。在民用建筑地下室的实际设计中可以采用低碱 UEA-H 混凝土高效膨胀剂，可以有效提高民用建筑地下室的抗压强度，而且对钢筋没有腐蚀，可以有效减少混凝土产生的裂缝，实现地下室的有效防水。

（四）加强地下室周围的排水工作

在民用建筑地下室的防水设计中，要结合实际构造和周围环境，加强地下室周围排水工作，将地下室周围的渗水导入预先设置的管沟，之后通过地面的排水沟排出，减少渗水对地下室结构的压力和破坏，从而实现地下室的有效防水。

（五）细部防水处理

在民用建筑地下室的防水设计中，周遭的防护都是采用混凝土进行施工的。因此在施

工过程中，要做好细部防水工作。比如在穿墙管道时，对于单管穿墙要加焊止水环，如果是群管穿墙，则必须在墙体内预埋钢板；比如在混凝土中预埋铁件要在端部加焊止水钢板；比如按规定留足钢筋保护层时，不得有负误差，以防止水沿接触物渗入防水混凝土中。

综上所述，在民用建筑的实际施工过程中，随着地下室规模不断扩大，所占的建筑面积和所需要的空间也不断加大，无形之中增加了地下室建筑施工的难度，也增加了地下室漏水风险。防水工程是个系统工程，从场地选址、建筑设计开始就应有相关防水概念贯穿其中，避开不利区域，为建筑防水控制好全局；设计师应在具体设计时合理选用防水措施，控制好细节构造，将可能的渗漏隐患降到最低；施工阶段则要严格按照施工工序，保质保量完成施工任务。只有多方面管控协助，才能做出完美的防水工程。

第六节　建筑设计中的自然通风

在设计住宅建筑的过程中，设计师既要考虑住宅建筑的设计质量和设计效果，也应充分考虑住宅建筑的设计是否具有舒适性。设计师要以居民需求为主，设计出合理的住宅建筑，为人们提供更为优质的居住环境。自然通风对于人们的生活来说颇为重要，保证住宅内的自然通风，可以有效地改善室内的空气质量，让人们的居住环境更加安全，而且，实现住宅内自然通风也可以节省能源，对环境起到一定的保护作用。本节将对住宅建筑设计中自然通风的应用进行深入的研究。

随着人们生活水平的不断提高，人们对建筑物室内舒适度的要求也越来越高。建筑物自然通风效果的好坏会直接影响人的舒适度。因此，对建筑物自然通风的设计尤为重要。深入对建筑物自然通风设计的思考，剖析建筑物自然通风的原理，能使传统风能相关原理及技术与建筑物的设计相结合，更好地实现建筑物的自然通风。

一、自然通风的功能

（一）热舒适通风

热舒适通风主要是通过空气流通加强人体表面的蒸发作用，加快体表的热散失，从而对人起到降温减湿作用。这种功能与我们吹电风扇的效果类似，但是由于电风扇的风力过大，且风向集中，对于人体来说非常不健康。通过自然通风的方式可以较为舒缓地加快人体的体表蒸发，尤其是在潮湿的夏季，热舒适通风不仅可以降低人体的温度，还可以缓解体表潮湿的不舒适感。

（二）健康通风

健康通风主要是为了给在室内生活的人提供新鲜空气。由于建筑物内属于相对封闭的环境，再加上人呼出的二氧化碳，导致室内空气质量较差。或者，一些新建的建筑物使用的建筑材料含有较多的有害物质，如果长时间空气不流通，就会对其内人们的健康造成威胁。自然通风可以有效地将室内的污染空气置换到室外，从而保证室内空气的高质量。

（三）降温通风

所谓降温通风，就是通过空气流通使建筑物内的高温度空气与室外的低温度空气热量进行交换。一般来说，在对建筑采用降温通风的措施时，要结合当地的气候条件以及建筑的结构特点综合考虑。对于商业类的建筑，过渡季节要充分进行降温通风；对于住宅类的建筑，在白天应该尽量避免外界的高温空气进入，而到了晚上可以通过降温通风来降低室内温度，从而减少空调等其他降温设备的能耗。

降温通风的特点主要体现在以下几个方面：室外风力的进入，使室内空气流动，这样就可以有效减少室内污染空气，降低室内温度，达到自然通风的效果；要想有效实现自然通风，还应考虑热压和风压对自然通风造成的影响，有时可以借助外力增加自然通风的效果。

二、建筑设计中对自然通风的应用

（一）由热压造成的自然通风

热压是促进自然通风的因素，通常而言，当室内与室外的气压形成差异的时候，气流就会随着这种差异流动，从而实现自然通风，使居住者感到舒爽适宜。自然通风是相对于电器通风更加健康、经济、舒适的通风方式。有时候，通风口的设置对于促进通风具有重要的作用，有助于加强自然通风的效果。影响热压通风的因素有很多种，窗孔位置、两窗孔的高差和室内空气密度差都是重要因素。在建筑设计过程中，使用的通风方法有很多，如建筑物内部贯穿多层的竖向井洞就是一种重要的方法，通过合理有效的通风方法实现空气的自然流通，将热空气通过流通排出室外，促进空气的交换，实现自然通风。和风压式自然通风对比，热压式自然通风对于外部环境的适应性也是很高的。

（二）由风压造成的自然通风

这里所说的风压，是指空气流在受到外物阻挡的情况下所产生的静压。当风面对着建筑物正面吹袭时，建筑物的表面会产生阻挡，这股风处在迎风面上，静压自然增高，有了正压区的产生，这时气流再向上偏转，会绕过建筑物的侧面以及正面，在侧面和正面上产生一股局部涡流，这时静压降低，负压差形成。风压就是对建筑背风面以及迎风面压力差的利用，压力差产生作用，这时室内外空气在它的作用下，由压力高的一侧向压力低的一侧流动。压力差与建筑与风的夹角、建筑形式、四周建筑布局等因素关系密切。

（三）风压与热压共同作用，实现自然通风

还有一种通过风压和热压共同作用来实现的自然通风，建筑物受风压和热压同时作用时，会在压力作用下受到风力的各种作用，风压通风与热压通风相互交织，相互促进，相互作用，实现通风。一般来说，在建筑物比较隐蔽的地方，通风也是非常必要的，这种通风就是在风压和热压的相互作用下进行的。

（四）机械辅助式自然通风

现代化建筑的楼层越来越高，面积越来越大，因此实现通风的必要性更大了，此时必然面对的一个问题就是通风路径更长，空气会受到建筑物的阻碍，不得不面对的现实就是简单依靠自然风压及热压通风已无法实现良好的通风效果。自然通风需要注意的是，由于社会发展造成的自然环境恶化，对于城市环境比较恶劣的地区来说，自然通风会把恶劣的空气带入室内，造成室内的空气污染，危害到居住者的身体健康，这时就需要辅助式自然通风，如此才能利于室内空气净化，既实现了室内通风，也将影响身体健康的恶劣空气"拒之门外"。

总之，自然通风在建筑中不仅改善了室内的空气问题，同时还调节了室外的环境问题。自然通风受到了很多人的关注，相信随着技术的发展，自然通风技术一定会在建筑设计中取得更加理想的成绩。

第七节　建筑的人防工程结构设计

对于建筑工程而言，人防建设十分重要，对于高层建筑而言更是重中之重。它不仅可以在人们的正常生活中发挥重要作用，还可以保证战时人们的生命与财产安全。在我国，高层建筑建设中对于人防工程的结构设计有着相当严格的要求。人防工程的建设质量直接决定着其使用寿命。本节通过对高层建筑的人防工程结构设计原理的分析，探讨了高层建筑的人防工程结构设计方法。

人防工程建设的主要目的是保障战时人们的生命与财产安全，避免在遭遇敌人突然袭击后出现重大的财产损失而失去保障的能力。高层建筑的人防工程结构设计主要是针对防空地下室等建筑而言的，用于保证战时人们能够安全地转移。所以，人防工程的结构设计极为重要。

一、人防工程的结构设计原理

人防工程的全称是人民防空工程，我国的人防工程结构设计主要将人防工程与建筑本身相结合，对于高层建筑而言，主要呈现方式为地下室设计，而地下室设计是高层建筑在进行建筑设计时本身就需要考虑的事情，不仅仅是防空工程的需要，在平常也需要为人们的正常生活提供必要的帮助。作为人防工程，必须对其稳定性进行分析。在我国，很多的高层建筑的地下室，在平常都作为储藏室或者地下车库来使用；战时，这些地方就会变成坚固的防空工程，用来保障人们的生命和财产安全。所以，高层建筑的地下室在建筑设计时不仅要考虑使用性能，还要对坚固性能进行分析。首先人防工程承受的负载范围除了高层建筑的压力之外，还需要考虑战时可能发生的各种爆炸产生的压力，比如说核弹爆炸时所产生的冲击负载，人防工程需要直接承受这种冲击，所以，对其承受力一定要进行精确的计算。

这种承载力的设计在平时无法进行结构方面的实际试验，所以在一般的高层建筑的人防工程设计当中多以等效静荷载的方式进行验算，比如对于核弹爆炸时的结构承受力的计算，这种爆炸力所造成的承受力大，但是作用时间比较短，所以对于地基的承载力以及并行与裂缝等情况可以不做验算。虽然战时对荷载的要求往往比较高，但是在进行结构设计时也不需要与战时可能承受的所有荷载进行硬性对比，而是与平常情况进行对比。而不同楼层的高层建筑，其人防工程的结构设计有着不同的设计原理。对于楼层较高的建筑而言，楼层本身的负载力也要计算在内；而对于平时与战时的受力情况进行双重的分析，则要取最大值作为受力依据。

二、人防工程的结构设计方法

首先，对于高层建筑人防工程的设计而言，上部楼层的设计要与下部的人防工程相一致。对于人防工程而言，考虑到使用性能，不能在地面进行设计，所以该工程的结构设计只要符合承载力与建筑构件的质量要求，就可以满足设计需求。

（一）材料强度的设计

人防工程与其他工程有本质上的区别，普通工程所需要承受的荷载主要是在平时使用过程当中所承受的静荷载，或者说是建筑本身所拥有的静荷载保护。而对于人防工程而言，建筑的主要目的是保障战时人们的生命安全，所承受的荷载主要是由于爆炸后所产生的动荷载，二者截然不同。静荷载指的是工程质量本身所具有的压力，动荷载则是指受到外界因素冲击时所承受的负荷力。所以对于人防工程的结构设计而言，结构设计以及材料选用方面，应当在考虑瞬时动荷载力的情况下进行结构的最大化设计，将所承受的最大负荷系数作为主要防御系数，钢材、混凝土都需要按照不同的负荷强度进行等级限定。普通情况下，建筑设计所选用的材料应该在其所承受的综合受力系数基础上选择大于1的材料强度，对于脆性易受破坏部位而言，承受的负载力应该小于1，这在建筑结构设计时应当区别开来。

（二）参数的选取

目前，在我国高层建筑人防工程设计当中，计算机技术的应用较为普遍，如PKPM软件。应用计算机技术后只需要在计算机中输入建筑构造中梁、板的设计需求的数据，运用BIM技术进行建筑模型的构造，再输入计算出来的建筑结构最大承载力的相应数据，就可以直接检验结构设计是否符合要求，并可以通过数据改善梁、板的配筋图。对于人防工程而言，电算数据的真实性与科学性非常重要。在进行电算数据计算时，主要是将主楼与裙楼分别进行计算，楼板所选用的一般为非抗震构件，所有数据不会受其他因素的影响。而对于梁而言，属于抗震构件，数据会由于抗震承载力而产生误差，所以对两种构件应该分别进行计算，首先对于梁、柱子、墙等建筑物的抗震承载力进行分析，将电算数据与板的电算数据分别用不同的方法进行计算。在实际的计算中，对于人防工程的承载力电算数据应该减去抗震承载力，然后再进行设计。因为抗震负荷力的承受与战时所产生的爆炸动荷载是完全不一样的，所以应当分别处理。

在高层建筑的构建过程当中，应当将地下人防工程的结构设计放在首位，对于楼层设计而言，主要采取静荷载的计算方式；而对于地下防空工程结构设计而言，则主要采取动荷载的计算方式。高层建筑的人防工程对人们的正常生活有着非常大的意义，不仅在人们平常的正常生活中起作用，战时还可以作为人们生命财产安全的一种保障存在。所以对于人防工程的结构设计一定要确保数据精确、设计科学以及质量稳定这些因素。

第八节　高层建筑钢结构的节点设计

随着城市化进程的不断加快，高层建筑兴起，高层建筑的质量受到越来越多的关注。在高层建筑中，钢结构的应用越来越广泛，因此，钢结构的节点设计就变得尤为重要。本节主要分析了高层建筑钢结构的节点设计原理，对高层建筑钢结构的节点设计应用进行了探讨。

在现代建筑工程中，钢结构在高层建筑中的应用越来越广泛，钢结构包括两个构成部分，即构件和节点。这两个部分相互联系、密不可分，在钢结构的实际应用中，如果只保证了构件的质量而不注重节点设计，钢结构的质量是无法得到保证的。钢结构因稳定性高被广泛应用在高层建筑中，但是在实践中，仍有很多建筑物会因为种种原因发生损坏，其中一个很重要的原因就是钢结构的节点设计没有按照相关规定进行。因此，钢结构不仅要求构件符合质量，还需要进行合理的节点设计，从而更好地保证钢结构的稳定性，确保建筑物的质量。

一、高层建筑钢结构的节点设计原理

（一）高层建筑钢结构的节点连接方式

一般来说，高层建筑钢结构的节点连接方式有三种，即焊接连接、高强度螺栓连接、栓焊混合连接。焊接连接的优点是传力和延展性好，操作简便；缺点是残余应力强，抗震力弱。高强度螺栓连接一般应用在需采用摩擦型的高层建筑钢结构中，其施工简便，但是成本较高，且震动强烈时易出现滑移的现象。栓焊混合连接，在高层建筑物翼缘和腹板部分使用最为广泛，该方式施工简便，成本较低，具有一定的优越性。但是，在使用栓焊混合连接时要注意温度高低的影响。

（二）高层建筑钢结构节点的设计要求

钢结构包括构件和节点两个部分，在高层建筑中，影响钢结构质量的关键因素是节点，为了满足业主对质量的要求，可以采用焊接连接的方式来保证焊缝质量，因为焊接连接工序简便，便于安装。

（1）刚性连接。建筑力学要求建筑钢结构的节点设计保持连续性，只有符合这个要求，钢结构节点连接处的各个构件形成的角度才会适应最大承载力而且不易发生变化，而且，在此基础上连接而成的钢结构的强度远远超过被连接构件所形成的强度。钢结构的连接方式主要有两种，即焊缝连接和螺栓连接。与焊接连接相比，螺栓连接工序简单、成本低廉，能在一定程度上保证钢结构的质量。柱和柱之间的连接也是钢结构节点设计时应该注意的问题，在施工时，柱和柱之间的连接可以按照截面的变化分成等截面拼接和变截面拼接两种，等截面焊接拼接与梁的拼接方法基本一致。

（2）半刚性连接。半刚性连接的设计要求承载力不得低于建筑物的承载力，半刚性连接方式与高层建筑物设计不一致会使建筑结构的弹性强度超过钢结构连接节点的弹性强度，因此，不常使用半刚性连接节点。

（3）铰接。高层建筑中，钢结构主梁和次梁铰接节点设计应用比较广泛，与混凝土结构相比，钢结构主梁和次梁铰接节点更接近实际，节点受力简单，因此主梁和次梁之间采用腹板摩擦性高强螺栓实现铰接，螺栓的抗剪承载力是值得深入思考的因素，门式刚架因内力较小，柱脚可采用铰接。为了方便工程材料的运输，一般会将大跨梁进行分段设计，运输到施工现场后再进行拼接。

二、高层建筑钢结构的节点设计应用

（一）梁与柱连接节点的设计

梁与柱的连接方式主要有三种：（1）铰接，该连接方式柱身会受到梁端的竖向剪力的影响，由于轴线夹角随意，所以在节点设计时不需要考虑转动的影响；（2）刚性连接，该连接方式中柱身要受到梁端传递的弯矩的影响，轴线夹角不能随意改动；（3）半刚性连接，介于铰接和刚性连接之间的一种连接方式，轴线夹角可以在一定的范围内改变。钢结构框架中柱的机构是贯通型的，考虑到高层建筑的抗震性设计，需要对框架与支撑的梁柱使用刚性连接，刚性连接主要分为梁柱直连或者是梁与悬臂拼连两种方式。高层建筑中钢结构的节点设计一定要考虑抗震要求，包括使用全熔透的焊缝技术，该技术可以最大限度地增强柱与梁翼缘之间的连接，确保连接处的稳固性。在进行梁与柱连接节点的设计时，还需要使梁的全截面塑性模量高于翼缘的 70%，且腹板与柱的连接要大于两列，最低不能低于 1.5 倍，保证梁与柱连接的稳固性，从而最大限度地保证高层建筑物的安全。

（二）主梁和次梁的节点设计

主梁与次梁的节点设计主要针对的是悬臂梁段和梁之间的节点连接，即翼缘采用全熔透焊接连接，腹板之间以及腹板与翼缘之间采用螺栓连接。螺栓连接方式中，使用最广泛的是摩擦型。主梁与次梁的节点设计，要充分考虑剪力的影响，要考虑因为连接而产生的连接弯矩，这是对于次梁来说的，对主梁则可忽视。高层建筑的抗震设计也是需要考虑的重点，因此，需要考虑横梁框架带来的侧向屈曲问题，需要针对横梁设置支撑构件，从而有效支撑横梁，最大限度地确保钢结构的稳定性和安全性。

（三）柱和柱的节点设计

为了运输便利，柱与柱的连接方式通常都是在施工现场进行的，为了保证稳定性，框架一般采用工字形或方形截面柱，箱型柱一般采用焊接的形式，柱与柱之间应该采用 V 形或 U 形焊缝，焊接角度不能少于 1/3，更不能少于 14mm。为了钢结构的稳固性，柱与柱的节点连接还应该安装耳板，但是需要注意的是，耳板的厚度不能超过 10mm，且坡口深度应大于板厚的 1/2。

（四）柱脚的节点设计

柱脚主要是起固定作用，将柱脚固定在整个柱的底端，通过这种固定，可以将整个柱身承受的内力下传至地基，因地基使用钢筋混凝土制造而成，承受的压力值远远大于接触面，所以柱脚的节点设计要求可以使高层建筑物最大限度地承受压力，保证其稳定性。在柱脚的节点设计中，铰接柱脚的设计可以使轴心承受更大的压力，如果柱轴承受的压力值较小，可以将柱脚的下端与底板直接焊接。

随着城市化进程的不断加快，我国的高层建筑也在不断增多，钢结构被广泛地应用在高层建筑中，钢结构的应用在一定程度上加速了建筑业的发展。在高层建筑中，钢结构具有其他结构无法替代的安全性。相应地，建筑设计上对钢结构也就提出了更高的要求，不仅要保证钢结构的质量，而且需要不断提高钢结构的节点设计，还要在理论和实践上不断完善，以保证高层建筑的质量，促进我国建筑业的发展。

第二章　建筑设计的基本原理

　　建筑是为了人类社会活动的需要，利用建造技术，按照科学法则和审美要求，通过对空间的塑造、组织与完善所形成的物质环境。建筑作为人们生活的庇护所，其在自然及社会体系中扮演着举足轻重的角色。本章主要介绍了建筑设计的历史演变、现代建筑的分类与构成要素和现代建筑设计的特点、原则与内容。

第一节　建筑设计的历史演变

一、国外建筑设计的历史演变

（一）古埃及建筑设计

　　古埃及文化是世界最古老的文化之一，起源于距今 5000 多年以前，比希腊、罗马要早得多。古埃及的建筑也是现今发现的人类最古老的建筑，其中最具代表性的要数金字塔。埃及人是世界上率先提出"灵魂不朽"思想的民族，并且也懂得怎样借助"自然"来表达灵魂不朽这个思想观念。古埃及人相信，只要尸体尚存，3000 年后就会在极乐世界复活并获永生，所以有了法老死后遗体被做成"木乃伊"存放在塔里，以求不朽。金字塔表现了埃及人对不死的渴望。一座座由奴隶从尼罗河上游开采、浮运到建筑工地的巨石堆筑起来的庞然大物，形象是那样高大、稳定、沉重、简洁而撼动人心。大漠衬托着金字塔形体的精确与力量，坚定的形体反过来也强调了沙漠的浩渺与神秘莫测。二者相互作用，表达了古埃及人成熟的艺术构思与强大的精神魄力。例如，距开罗不远的吉萨保存着公元前 2723—前 2563 年建造的许多金字塔，其中最大的三座分别名为胡夫、哈弗拉和门卡乌拉。这三座大金字塔都用淡黄色石灰石砌筑，外贴一层磨光的白色石灰石，塔身都是精确的正方锥形。它们组成一组，从东北到西南，以对角线相接，塔体四面恰好正对指南针的四个方位，群体轮廓参差映衬，气势恢宏。金字塔如沙漠中的山岩，带有强烈的原始性 . 与尼罗河三角洲的自然风光十分协调。大漠孤烟，长河落日响其壮阔。

　　大约公元前 1312—前 1301 年，埃及规模最大的阿蒙（太阳神的名字）神庙在卡纳克建立起来。神庙的主体由六道大门、前院、大殿、中殿、后院、过厅和位于最后的祭堂组成 . 整个建筑长 366m、宽 110m。庙门处高达二三十米的高大石墙夹着中间低平的门道称作"牌楼门"，与高耸的方尖碑对比强烈，产生了丰富多变的构时效果。公元前 4 世纪，希腊马其顿人占领埃及，随着希腊古典文化的传入，古埃及文化基本中断了。以后，埃及又沦为罗马人的殖民地，残留的一点占埃及文化元素也消亡了……"金字塔"虽变得斑驳陆离，却更增添了一种历史的沧桑感。

（二）古希腊建筑设计

古希腊是欧洲文化的发源地，古希腊建筑开欧洲建筑的先河。古希腊建筑的结构属梁柱体系。早期主要建筑都用石料，石梁跨度一般是 4~5m 最大不过 7~8m，墙体也用石块砌成，砌块平整精细，石缝严密，砌块之间有柳卯或金属销于连接而不用胶结材料。公元前 8—前 6 世纪，希腊建筑逐步形成相对稳定的形式，陶立克式建筑的柱头是倒圆锥台、没有柱础，其柱式似男子的刚毅，风格朴实有力；爱奥尼式建筑的柱头正面和背面各有一对涡卷、有柱础，其柱式如女性的柔美，修长文静，风格端正秀雅。到公元前 6 世纪，这两种建筑都有了系统的做法，被称为"柱式"柱式体系是古希腊人在建筑艺术上的创造。公元前 5—前 4 世纪，是古希腊的繁荣兴盛时期，创造了很多建筑珍品。伯罗奔尼撒半岛的科林斯城形成一种新的建筑柱式科林斯柱式，柱头上刻着毛茛叶，其余部分却如爱奥尼柱式，风格华美富丽。此式在罗马时代广泛流行。希腊各地除建造许多神庙外，还有露天剧场、竞技场、图书馆、广场和灯塔等多类建筑物。而最著名的古希腊建筑首推雅典卫城上的帕提侬神庙。

（三）古罗马建筑设计

古罗马本是意大利半岛上的一个城邦小国，公元前 5 世纪起实行自由民主共和政体，经过几百年的不断扩张，公元前 146 年征服希腊，同时也继承了希腊文化，公元前 30 年罗马变成帝国，领域以意大利为中心，扩展到地中海周围广大地区。其用石材铺砌，宽阔坚固，像血管一样遍布全境的驰道，从四面八方通向罗马，因而有"条条大路通罗马"之谓。古罗马建筑在公元 1—3 世纪为鼎盛时期，达到西方古代建筑的高峰。古罗马人不同于希腊人，是一个重实际的民族。希腊人追求的和谐统一是抽象的、概念化的，而罗马人追求的和谐是建立在实际需要、日常生活中的。罗马人避开理想主义，以直接实用为目的。"被征服的希腊使野蛮的征服者成为其俘虏"，道出罗马文化源于希腊文化的实际。在某些方面，罗马文化缺乏创造性，它侧重吸收希腊建筑上的形式，基本照搬希腊建筑的三柱式，虽出现了特有的塔司干柱式和组合柱式，但这只是在希腊三柱式的基础上组合而成的。混凝土的发明与广泛应用，使罗马人首先创造并熟练地使用扩大室内空间的技术，利用一系列拱券而成筒形拱，两个直角的筒形拱相交而成交叉拱，这是罗马人的伟大创举之于拱门开口部的外侧，表现出罗马建筑的独特性，即拱门与柱式的有机组合。

罗马人的文化兼容性和实用性的观点，以及在侵略扩张中引发的罗马人的自豪感，促使罗马产生了诸如古代世界建筑史上穹顶建筑直径最大的万神庙（门廊后面的圆殿是一个巨大的圆球形空间，平面直径和穹顶高度达 43.43m，厚厚的外墙不开窗子，在穹顶中央有一个直径 8.9m 的圆洞，阳光射入，产生神奇而诡谲的光影；穹顶表面强调水平分划，用放射和水平拱肋组成框格，增加了室内空间的透视效果，有很强的向心韵律）、装饰华丽的凯旋门（如罗马城内君士坦丁凯旋门，门总高 20.63m、宽 25m 比例和谐，气势雄伟，既是杰出的建筑，也是精美的雕刻艺术品）、巍峨挺立的记功柱（如图拉真广场是为纪念征服达西亚——今罗马尼亚而建造的，广场上除凯旋门、半圆厅、镀金骑马的青铜像外，还有给人印象深刻的高约 35m 的记功柱；柱面上刻满了东征浮雕，盘曲而上，其展开长度约 200m）、奢华之至的公共浴场（如空间非常宏大的卡拉卡浴场和戴克利先浴场）。

其中，罗马大角斗场反映了古罗马建筑的高度成就。斗兽场平面呈椭圆形，外围两圈环廊，立面 4 层，总高 48.5m，下部 3 层，每层有 80 个半圆拱券，券间装饰着壁柱。立面从各方面看过去完全一样，有很强的统一感，在重复和连续中显现出韵律和节奏。第四层实墙是后来加建的，对整个立面起着箍束作用。

1. 马赛克

为了减轻这种砖石结构体系的重量，拱顶和穹窿多用空陶罐砌筑，因而需要进行大面积的装饰。拜占庭建筑的装饰以彩色大理石板贴于平直的墙面，而拱券和穹窿的表面则饰以巧赛克或粉画。马赛克参照亚历山大城的传统，用半透明的小块彩色玻璃镶成，一般在基层铺上底色以保持大面积画面的色调统一。公元 6 世纪前所用的底色多为蓝色，之后的一些重要建筑物改用金箔打底，色彩斑斓的马赛克就统一在金黄色中，显得金碧辉煌。但马赛克拼画大都不表现空间和动态，缺乏层次感，构图也不十分严谨。由于马赛克饰面需要复杂的工艺，只有很重要的教堂才会采用这种昂贵的装饰，其他则带之以粉画。要获得较为持久、高质量的装饰效果，需要在抹灰的灰浆未干时作画，必须挥洒自如、行笔流畅，这就要求画师要具有纯熟的技巧和把握全局的能力。马赛克和粉画的题材是宗教性的，而在皇家教堂，则会把歌颂皇帝事迹的绘画摆在最重要的位置。

2. 雕刻

拜占庭建筑运用雕刻装饰的部位集中于发券、拱脚、穹顶底脚、柱头、檐口等用石材砌筑的承重及转折处，表现为保持构件原来的几何形状，用三角形断面的凹槽和钻孔来增强立体感并突出图案；装饰图案多为几何形或程式化的植物纹样。典型的公元 6 世纪以后的拜占庭建筑的柱头装饰具有其自身的特点，而脱离了古典柱式的范畴。其具体做法是为了使厚厚的券底能自然地过渡到细细的圆柱，在柱子头上加一块倒方锥台形的垫石；或将柱头做成上大下小的倒方锥台形；再或者把柱头的立方体由上而下地渐渐抹去棱角，由方变圆。柱头装饰多以忍冬草叶为题材，做成花篮式、多瓣式等复杂的式样，也有用动物形象做装饰的。有些柱头甚至采用透雕工艺，在表面镂刻出精致的叶形花纹，如圣维达尔教堂的斗形柱头。

（五）现代主义建筑设计运动

在 20 世纪初的社会经济、政治背景下，现代主义建筑运动在欧美应运而生，主要是为了解决现代建筑的结构、形式和服务对象等问题。德国、苏联和荷兰是这场运动的中心，第二次世界大战之后又在美国蓬勃发展，最后影响到世界各国。现代主义建筑运动的内容包含了技术和思想两个层面。技术层面主要指由新材料、新技术、新结构方式所带来的建筑全新形式；思想层面主要指意识形态上形成的几个核心观念，是围绕民主主义、精英主义、理想主义发展出来的为大众服务、为社会服务的具有功能主义的反传统意识。

现代主义建筑主要的形式特点有：①建筑以功能为设计的中心和目的，注意科学性、方便性和经济高效性；②提倡排除装饰的简洁几何造型；③标准化构件和组装方法施工；④注重整体设计和空间布局。

这场运动中最具世界影响力的是五位大师，分别为德国的格罗皮乌斯、密斯·凡德罗、瑞士的勒·柯布西埃、芬兰的阿尔瓦·阿尔托、美国的弗兰克·赖特。五位大师不仅是建筑界的巨擘，更是强大的设计教育力量，他们的新建筑思想和实践深入影响了广大设计者一个世纪，至今依然具有生命力。

（六）简约设计

20 世纪的最后 20 年是一个建筑思潮不断变化的年代，越来越多的风格或形式一个接一个出现，以令人困惑的速度发展变化着。20 世纪 70 年代初期开始引人关注的一些后现代主义建筑师们，希望通过游戏般地使用建筑形式语言组合各种历史符号，使之与现代主义建筑的美学和道德标准相抗衡。在解构主义思潮的冲击下，一些建筑师带着对哲学家德里达和鲍德里雅的解构哲学的独特解读，将周围日益纷杂、疯狂甚至走向自我毁灭的世界反映到了建筑形式当中。20 世纪 90 年代以后，在习惯了现代建筑的流动空间、后现代主义的隐喻和解构主义的分裂特征之后，建筑界开始关注一种以继承和发展现代建筑的一个明显特征的潮流向"简约"回归。虽然对这种风格的命名各不相同，如"新简约""极少主义极简主义"等，然而，不论具体的称呼如何，这种设计趋势的主题是以尽可能少的手段与方式感知和创造，即要求去除一切多余和无用的元素，以简洁的形式客观理性地反映事物的本质。

"简约"并非这个时代特有，且形成的原因很多。有来自技术方面的原因，即当产品的简约性成为降低成本以适应大规模生产的要求时，那些复杂的方式将被淘汰，也有来自意识形态、思想方式等方面的原因，如传统宗教哲学中一直有主张道德和宗教简朴严肃的理念。他们将美的概念从教义中放出，认为上帝的信徒不应在日常生活中为追求美而浪费一丁点钱财。因此，器皿、家具和房屋都力求简单、实用，只考虑遮光蔽热等生存所需的基本功能，同时精工细作并精心维护保养。这样，对方式的精简成为"完美"概念的引申。还有来自艺术观念的原因，因为自工业革命以来形成的一个概念是，顺应时代和技术要求的"简约"已成为一种文化进步的显著标志，并逐渐上升为一种艺术原则。直至20世纪60年代西方绘画、雕塑等领域出现的极少主义艺术，都寻求一种简洁的几何形体和结构，运用人工而非自然材料，如金属和玻璃以表达一种精工细作的光洁表面，运用排列、重复等手段，创造一种三维的秩序感。这类艺术品可以说没有任何意义参照和原型，单一而独特的形式强化了视觉联系和冲击力，作者的痕迹从作品中完全退场，观者直接面对艺术品本身，在观察对象的过程中体验心理感受。总体上看，极少主义艺术符合20世纪纷繁的艺术世界中一种从具象到抽象的艺术趋势，并将之更推向极端，在剥离了全部意义和历史参照之后，试图以最有限的手段创造最强劲的视觉张力。这些都成为文化领域一种"简约"的思想根源。

二、中国建筑设计的历史演变

（一）原始社会时期的翘筑设计

1. 穴居

黄河流域有广阔而丰厚的黄土层，土质均匀，易于挖掘，因此在原始社会晚期，穴居成为这一区域氏族部落广泛采用的一种居住方式。穴居经历了竖穴、华穴居、地面建筑三个阶段。由于不同文化、不同生活方式的影响，在同一地区还存在着监穴、半穴居及地面建筑交错出现的现象，但地面建筑更具有它的适用性，最终取代穴居、半穴居，成为建筑的主流。但总的来说，黄河流域建筑的发展基本遵循了从穴居到地面建筑这一过程，可以说穴居的构造孕育着墙体和屋顶，木骨泥墙建筑的产生也就是原始人群经验积累和技术提高的充分体现。

根据考古发掘，在陕西西安附近的半坡村出土了许多史前时期的建筑遗址。这些聚落距今已达5000年，属仰韶文化。半坡村居住区房址均为半地穴式，有瓢形、椭圆形、圆形数种。仰韶后期建筑已从半穴居进展到地面建筑，并已有了分隔几个房间的房屋，所用的材料加工的工具有石刀、石斧、石凿等。仰韶房屋的平面有长方形和圆形两种。长方形的多为浅穴，其面积约20 ㎡，最大的可达40 ㎡；圆形的一般建造在地面上，直径为4~6m。

2. 巢居

巢居在我国南方比较多见。我国的南方地区，由于水网密布，地面湿润，因而建筑多采用"巢居"的形式。据考古学家分析，最早人们是住在树上的。开始时只是在一棵大树上居住，后来变成数棵树合一个住所，最后发展成人工插木桩建屋，形成典型的巢居。然后逐渐演变成如今尚存的干阑式建筑。

其中，最具有代表性的当推浙江余姚河姆渡史前文化遗址。在遗址的第四文化层，发现了大量距今 6900 年的圆桩、方桩、板桩以及梁、柱、地板之类的木构件，排桩显示至少有 3 栋以上干阑长屋。长屋不完全长度有 23m，宽度约 7m 室内面积达 160 ㎡ 以上。这些长屋坐落在沼泽边沿，地段泥泞，因而采用了了阑的构筑方式。在没有金属工具，只能用石、骨、角、木这些原始工具的条件下，构件居然做出梁头禅、柱头样、柱脚桦等各种桦卯，有的梯头还带梢孔，厚木地板还做出切口，有力地显示出长江下游地区木作技术的突出成就，标志着巢居发展序列已完成向干阑建筑的过渡。

（二）奴隶社会时期的建筑设计

1. 夏商

夏朝的建立标志着中国进入奴隶制社会。据文献记载，夏朝的统治中心在嵩山附近的豫西一带。河南登封告成镇北面嵩山南麓王城岗发现了 4000 年前的遗址，可能是夏朝初期的遗址，其中包括东西紧靠的两座城堡，东城已被河水冲去，西城平面略呈方形（约 90 ㎡）筑城方法比较原始，用卵石作夯具筑成。山西里县发现了一座规模约 140 ㎡ 的城池遗址，其地理位置与传说中的夏都安邑相吻合。

人们对商朝文化研究最多的为殷墟遗址，即商朝后期的都市。它是商朝的政治、经济、军事、文化中心。遗址面积约 24k ㎡，中部紧靠泡水，曲折处为宫殿区，西面、南面有制骨、冶铜作坊区，北面、东面有墓葬区。居民散布在西南、东南呵沮水以东的地段。宫殿区东面、北面临泡水，西南有壕沟防御。遗址大体分北、中、南 3 区。北区有遗址 15 处，大体作东西向平行布置，基址下无人畜葬坑，推测是 E 室居住区。中区有 21 处遗址，基址作庭院式布置，轴线上有门址 3 道，门址下有持盾的跪葬侍卫 5~6 人，轴线最后有一座中心建筑，推测这里是商王庭、宗庙遗址。南区规模较小，大小遗址 17 处，做轴线对称布置，人埋于西侧房基之下，牲畜埋于东侧，整齐不紊，是商王祭祀场所。但其建造年代比北区和中区晚，由此可见殷的宫室是陆续建造的，并且用单体建筑，沿着与子午线大体一致的纵轴线，有主有次地组合成较大的建筑群。宫室周围发现的奴隶住房，则仍是长方形或圆形穴居，这也充分体现了阶级社会的阶级对立。

2. 西周

瓦的发明是西周在建筑上的突出成就，使西周建筑从"茅茨土阶"的初级阶段开始向"瓦屋"过渡。制瓦技术是从陶器制作发展而来的。在陕西岐山凤雏村的早周遗址中，发现的瓦还比较少，可能只用于屋脊、屋檐和天沟等关键部位。到西周中晚期，从陕西扶风在陈遗址中发现的瓦的数量就比较多了，有的屋顶已全部铺瓦，瓦的质量也有所提高，并且出现了半瓦当。战国时期盛行半瓦当，有云山纹、植物纹、动物纹、大树居中纹等，有较好的装饰性。战国时期，圆瓦当也有少量出现。汉以后，半瓦当消失，全为圆瓦当。

3. 春秋战国

春秋战国时期，各诸侯国出于政治、军事统治和生活享乐的需要，建造了大量的高台建筑，掀起了"高台榭，美宫室"的建筑潮流，一般是在城内夯筑高数米至十多米的土台若干座，上面建造殿堂屋宇。

（三）封建社会时期的建筑设计

1. 秦

传统的中国木构架建筑，特别是抬梁式的结构形式，发展到秦朝已经更加成熟并产生了重大的突破，主要体现在秦朝匠师对大跨度梁架的设计上。秦咸阳离宫一号宫殿主厅的斜梁水平跨度已达 10m，据此推测阿房宫前殿的主梁跨度一定不会小于这个跨距，这说明秦朝对木结构梁架的研究和使用已经达到了相当高的水平。

此外，秦朝发展了陶质砖、瓦及管道，不仅使用陶砖铺砌室内外地面，还用于贴砌墙的内表面，并在砖瓦的表面设计刻印各种纹样。在秦都咸阳宫殿建筑遗址以及陕西临潼、风翔等地发现了大量秦代画像砖和铺地青砖，除铺地青砖为素色外，用作踏步或砌于墙壁的长方形空心砖面上都刻有太阳纹、米格纹、小方格纹或平行线纹等几何纹样，或阴刻龙凤纹，或模印射猎、宴客等场面的纹样。在秦始皇陵东侧俑坑中发现的砖墙质地坚硬，这说明秦朝已经出现承重用砖。砖的发明是中国建筑设计史上的重要成就之一。

2. 两汉

我国的砖石建筑主要是在两汉，尤其是东汉时期得到了突飞猛进的发展。汉代广泛使用砖石设计建造地下工程，例如西汉长安城的下水道。战国时期始创的空心砖，出现在河南一带的西汉陵墓中。在洛阳等地的东汉墓室中，条形砖与楔形传堆砌的拱券取代了以往的木椁墓，并采用了企口砖加强拱券的整体美观性。当然，贵族官僚们除了使用石砖建造规模巨大的地下墓室外，也在岩石上开凿岩墓，或利用石材砌筑梁板式墓或拱券式墓。这些建筑多镂刻人物故事和各种花纹，刻石的技术和艺术水平也逐步提高。著名的石建筑有四川雅安东汉益州太守高颐墓石阙和石辟邪、北京西郊东汉幽州书佐秦君墓表、山东肥城孝堂山郭巨墓祠等。

总的来说，战国、秦汉建筑的平面组合和外观，虽多数采用对称方式以强调中轴，但为了满足建筑的功能和艺术要求，各时期也形成了丰富多彩的风格，汉朝最具代表性。第一，汉朝高级建筑的庭院以门与回廊相配合，衬托最后的主体建筑更显得庄严凝重，以东汉沂南间像石墓所刻祠庙为代表。第二，以低小的次要房屋和纵横参差的屋顶以及门窗上的雨搭等衬托中央的主要部分，使整个组群呈现有主有从和富于变化的轮廓，如汉明器所反映的住宅就使用这种手法。第三，合理地运用木构架的结构技术，明器中有高达三四层的方形楼阁和望楼，每层用斗拱承托腰檐，其上置平台，将楼阁划为数层，既满足功能上的要求，同时让各层腰檐和平台有节奏地挑出和收进，在稳中求变化，并使各部分产生虚实明暗的对比作用，创造中国楼阁式建筑的特殊风格。

3. 两晋南北朝

两晋南北朝时期出现了中国历史上的一次民族大融合，并伴随着儒家、道家、佛家互相争斗、交融的局面。在城市建设和建筑方面，游牧民族统治者按照汉族的城市规划、结构体系和建筑形象进行建造，除宫殿、住宅、园林在秦汉基础上继续发展以外，还出现了新的建筑类型佛教和道教建筑。这些宗教建筑汲取了印度、犍陀罗和西域的佛教艺术的一些因素，丰富了中国建筑的形式和内容，为后来隋唐建筑达到封建社会的巅峰打下了基础。

此外，南北朝时期，无论是在大规模的石窟开凿或精雕细琢的手法上，一技术都达到了很高的水平。云冈全部主要洞窟都是在约短短 35 年内凿造的；北齐晚期开凿天龙山大像窟时，石工曾日夜施工。这些历史事实反映了当时技术和施工组织的情况。在麦积山、南北响堂山和天龙山的石窟外廊上，石工们不但以极其准确而细致的手法雕塑模仿木结构的建筑形式，而且体现了当时木结构的艺术风格。正是这种种丰富经验的积累，才给公元 7 世纪初隋朝的赵州桥那样伟大的桥梁工程奠定了成功的基调。

4. 隋、唐

隋、唐是中国历史上最为辉煌的两个时代，中国传统建筑的技术与艺术在这 300 多年间达到了一个巅峰。隋朝结束了中国南北间长期分裂的局面，在隋文帝的治理下迅速繁荣起来。隋炀帝即位后便大兴土木。这一举动固然是劳民伤财的，但是，大运河的开凿又促进了南北文化的融合。这期间大量的建筑实践也推动了建筑技术和艺术的发展，隋代建筑因此取得了突出成就。隋代建筑可以说是南北朝建筑向唐代建筑转变的一个过渡，它的斗拱还比较简单，鸱尾形象较唐代建筑清瘦，但建筑的整体形象已变得饱满起来。此时期的单栋建筑在长方形平面中以满堂柱网双槽平面和内外槽平面为最多，或有龟头屋、挟屋等的平面变化。

隋代建筑追求雄伟壮丽的风格，尤以首都大兴城规划严谨，分区合理，其规模在 1000 余年间始终为世界城市之最。在技术上隋代建筑取得了很大进步，木构件的标准化程度极高，建筑规模空前。其中，石桥梁技术所取得的成就最为突出，其代表作赵州桥也是世界上最早的敞肩拱桥。

唐初，太宗李世民主张养民，崇尚简朴，其间兴建宫室的数量和规模都很有限。经过贞观之治，唐朝成为当时世界上最富强的国家，至开元、天宝年间，其建筑形成了一种规模宏大、气势磅礴、形体俊美、庄重大方、整齐而不呆板、华美而不纤巧、舒展而不张扬、古朴却富有活力的"盛唐风格"，建筑艺术达到了巅峰。安史之乱以后，唐朝逐步走向没落，中晚唐建筑也因之少了盛唐建筑的雄浑之气，多了些柔美装饰之风。随着高足家具的普及，晚唐的建筑比例也因之产生了变化。

唐代建筑最大的技术成就是斗拱的完善和木构架体系的成熟，出现了专门负责设计和组织施工的专业建筑师梓人（都料匠）。唐代佛教兴旺，砖石佛塔的兴建非常流行，中国地面砖石建筑技术和名术因此得以迅速发展。

总之，唐代不仅给中华民族留下了许多伟大的诗篇，还留下了诸多壮丽秀美的建筑。唐人豪迈的品格、超凡的才华既凝固在诗歌中，也刻画在建筑上。

5. 五代宋元

自公元 907 年唐灭亡起，至公元 1367 年元灭亡，中国经历了五代十国、宋、辽、西夏、金、元等朝代的更迭。其间，地方割据、多国鼎立和少数民族频繁入主中原，成为这一时期的两大特点。受此影响，这一时期的中国建筑艺术出现了多种风格交融、共存的局面，新的建筑类型和风格不断涌现。

五代十国延续了晚唐的建筑风格。但由于地方割据、交通、人员阻隔，其建筑的地方差异性逐渐扩大。

宋代在建筑领域有重要的发展，这一时期的建筑一改唐代雄浑的特点，变得纤巧秀丽、注重装饰，建筑造型更加多样。宋代砖石建筑的水平不断提高，这时的砖石建筑主要是佛塔和桥梁。浙江杭州灵隐寺塔、河南开封繁塔及河北赵县的永通桥等均是宋代砖石建筑的典范。此外，宋代的建筑技术、施工管理等也取得了进步，出现了《木经》《营造法式》等关于建筑营造的专门书籍。

辽早期从唐和五代各国掠走很多汉人工匠，因而其建筑在风格上受唐代建筑影响很深，在细部上则带有五代时期的一些特征风格。宋兴起后，辽中晚期的建筑又受到宋代建筑的影响。

西夏建筑则同时受到西域建筑和汉地建筑的影响，别具特色。

金代建筑在宋代建筑的基础上发展起来，并形成了自己的风格，其宫殿建筑大量使用黄琉璃瓦和红宫墙，创造出一种金碧辉煌的艺术效果，对以后各代的同类建筑影响深远。此外，金代木构建筑的移柱、减柱等扩大室内空间的结构变革也愈演愈烈。

元代的各民族文化交流和工艺美术发展给建筑注入新的工艺理念。此时期大量使用减柱法，但正式建筑仍采用满堂柱网，并且由于领土广阔以及受宗教信仰和民族风俗等因素影响，又产生了一些新的建筑类型，如喇嘛塔、盔形屋顶等，汉族传统建筑的正统地位在此时期并没有被动摇，并继续发展。建筑斗拱的作用进一步减弱，斗拱比例渐小，补间铺作进一步增多。此外，由于蒙古族的传统，在元朝的皇宫中出现了若干盝顶殿、棕毛殿和畏兀尔殿等，这是前所未有的，汉族固有的建筑形式和技术在元代也有所变化，如在木构建筑上直接使用未经加工的木料等，使元代建筑有一种潦草直率和粗犷豪放的独特风格。

6. 明、清

明清时期是中国古代建筑体系的最后一个发展阶段。这一时期，中国古代建筑虽然在单体建筑的技术和造型上日趋稳定，没有太多变化，但在建筑群体组合、空间氛围的创造上却取得了显著的成就。

明清建筑的最大成就是在园林领域。明代的江南私家园林和清代的北方皇家园林都可谓最具艺术性的古代建筑群。中国历代都建有大量宫殿，但只有明清的宫殿北京故宫、沈阳故宫得以保存至今，成为中华文化的无价之宝。现存的古城市和南北方民居也基本建于这一时期。明南京城、明清北京城是明清城市最杰出的代表。北京的四合院和江浙一带的民居则是中国民居最成功的典范。坛庙和帝王陵墓都是古代重要的建筑，目前北京依然较完整地保留了明清两代祭祀大地、社稷和帝王祖先的国家最高级别坛庙。其中最杰出的代表是北京天坛，至今仍以其沟通天地的神妙艺术打动人心。明代帝陵在继承前代形式的基础上自成一格，清代基本上继承门阀制度。明十三陵是明清帝陵中艺术成就最为突出的帝陵建筑。

明清建筑不仅在创造群体空间的艺术性上取得了突出成就，而且在建筑技术上也取得了进步。明清建筑突出了梁、柱、檩的直接结合，减少了斗拱这个中间层次的作用。这不仅简化了结构，还节省了大量木材，从而达到了以更少的材料取得更大建筑空间的效果。明清建筑还大量使用砖石，如明长城、山海关和嘉峪关等，促进了砖石结构的发展。其间，中国普遍出现的无梁殿就是这种进步的具体体现。

值得一提的是风水术在明代已达极盛，这一时期具有中国建筑史上特有的古代文化现象，而且影响一直延续到近代。总之，明清时期的建筑艺术并非一味地走下坡路，它仿佛是即将消失在地平线上的夕阳，依然光华四射。

（四）近现代中国的建筑设计

中国近现代建筑艺术是伴随着封建社会的解体、西方建筑的输入而形成的，它的发展与这一阶段的社会体制、生产、生活方式和审美趣味有着直接的联系，主要表现为：

（1）传统建筑在数量上仍占主导地位，但由于出现了新的审美趣味，致使建筑风格和某些艺术手法有所变化。

（2）近代工业生产和以公共活动为主的新的社会生活，产生了新类型的建筑。

（3）出现的新材料、新结构、新工艺，要求有相应的新形式。

（4）封建等级制度的废除，社会体制的变革，使得传统建筑艺术赖以存在的许多重要审美价值观念发生了根本动摇，建筑艺术的社会功能创造出了能体现适应新的审美价值的社会功能的新形式。

（5）传统的审美心理与新的审美价值、新的社会功能产生了新的矛盾，所以，在新建筑中能否体现和怎样体现传统形式，成为近现代建筑美学和艺术创作的核心问题。

鸦片战争后，西方人纷纷在各通商口岸和租界建造商厦、住宅、教堂等，其样式基本涵盖了当时西方主要国家的建筑艺术风格。继而兴起的洋务运动，又进一步推动了西方建筑体系在中国的登陆。新式工业厂房引入了西方先进的建筑技术和建筑材料，19世纪末到20世纪初流行的洋式店面、洋学堂、洋戏院和城市里弄住宅等，都是所谓中西合璧的建筑形式，以后则更多建筑直接采用西方流行的形式；单体建筑重在表现外观造型，近现代建筑打破了传统建筑的封闭内向，以表现空间意境为主的审美观念突出了公共性和开放性的观赏功能，这与同时输入的西方建筑重视表现实体造型的审美观念是一致的。

在以后的岁月里，在这种西风东渐的持续作用下，中国近现代建筑艺术的发展道路一直充满曲折。要现代化还是坚持传统？要民族化还是赶上世界潮流？其前进的脚步好像钟摆一样摇摆不定。于是从 20 世纪二三十年代到六七十年代，各式风格的西方建筑被一批又一批地引入中国，竭力表现中国传统风格的建筑如潮水般流行起来又衰退下去，二者你消我长，此起彼伏。

（五）现当代中国的建筑设计

我国的现代建筑，一般是从中华人民共和国成立开始至 20 世纪 70 年代；当代建筑是从 20 世纪 80 年代改革开放至 21 世纪初。从实际情况来说，现当代中国建筑分作前后两段时间。前 30 年，由于种种原因，成效不多；后 30 年时间成效甚大。

前 30 年，我国的建筑主要成就是"国庆十周年"（1959 年）的北京"十大建筑"。以后的时间，一是由于经济上的困难，二是由于极"左"思潮，所以在建筑上不但成绩不多，而且走了许多弯路。后 30 年在改革开放的政策下，我国的建筑事业有了巨大的进展，广州、上海、北京等地，建筑面貌为之大变，同时也实现了与国际接轨。20 世纪末，在北京召开了第 20 届世界建筑师大会，并通过了《北京宪章》；世界上许多著名的建筑师纷纷来我国，有的做考察，有的来讲学，十分羡慕我国的建筑事业，认为建筑师有用武之地。此后，也有许多外国著名建筑师投身中国建设、出方案、做设计，与我国建筑师合作。

改革开放后，中国的建筑艺术创作开始步上了健康发展之路，可称为多元建筑论时期。人们在认识到建筑的多元性的前提下，坚持创造既具有时代特色又具有中国气派的新的建筑文化。本土现代主义的运用更加普遍。如果说古风主义、新古典主义、新乡土主义和新民族主义的创作多少都带有些特殊的性质，与传统更富有内在的有机联系的话，那么，在更多情况下，建筑却不一定和传统有太多的直接关系。但这些优秀的建筑作品仍然是从中国大地上生长出来的，建筑师仍然没有忘记在多元创造中赋予这些作品以鲜明的时代感与中国气派。

第二节 现代建筑的分类与构成要素

一、现代建筑的分类

建筑可按不同的方式进行如下四种分类。

（一）按建筑的使用功能进行分类

按照建筑的使用功能，建筑可以分为民用建筑、工业建筑、农业建筑三种。

1. 民用建筑

供人们居住及进行社会活动等非生产性的建筑称为民用建筑。民用建筑又分为居住建筑和公共建筑。

（1）居住建筑：供人们生活起居用的建筑物，如住宅、公寓、宿舍等。

（2）公共建筑：供人们进行各种社会活动的建筑物。根据使用功能特点，又可分为：

行政办公建筑，如写字楼、办公楼等。

文教建筑，如学校、图书馆等。

医疗建筑，如门诊楼、医院、疗养院等。

托幼建筑，如幼儿园、托儿所等。

商业建筑，如商场、商店等。

体育建筑，如体育馆、游泳池、体育场等。

交通建筑，如车站、航空港、地铁站等。

通信建筑，如广播电视台、电视塔、电信楼、邮电局等。

旅馆建筑，如宾馆、旅馆、招待所等。

展览建筑，如博物馆、展览馆等。

观演建筑，如剧院、电影院、杂技场、音乐厅等。

园林建筑，如动物园、公园、植物园等。

纪念建筑，如纪念碑、纪念堂、陵园等。

2. 工业建筑

工业建筑是供人们进行工业生产活动的建筑。工业建筑包括生产用建筑及辅助生产、动力、运输、仓储用建筑，如机械加工车间、锅炉房、车库、仓库等。

3. 农业建筑

农业建筑是供人们进行农牧业的种植、养殖、贮存等的建筑，如温室、畜禽饲养场、农产品仓库等。

（二）按建筑高度进行分类

1. 低层建筑

低层建筑指建筑高度小于等于 10m，且建筑层数小于等于 3 层的建筑。

2. 多层建筑

多层建筑指建筑高度大于 10m、小于等于 24m 的其他公共建筑或建筑高不大于 27m 的住宅建筑，包括设置商业服务网点的住宅建筑。

3. 高层建筑

高层建筑指建筑高度大于 27m 的住宅建筑和建筑高度大于 21m 的非单层厂房、仓库和其他民用建筑（不含单层主体建筑高度超过 24m 的体育馆、会堂、剧院等公共建筑以及高层建筑中的人民防空地下室）。

4. 超高层建筑

建筑高度超过 100m 时，无论住宅或公共建筑均为超高层建筑。

（三）按承重结构的材料进行分类

1. 砖木结构建筑

砖木结构建筑指用砖（石）砌墙体、木楼板、木屋顶的建筑。

2. 砖混结构建筑

砖混结构建筑指用砖（石、砌块）砌墙体、钢筋混凝土楼板及屋顶的建筑。

3. 钢筋混凝土结构建筑

钢筋混凝土结构建筑指用钢筋混凝土柱、梁、板承重的建筑。

4. 钢结构建筑

钢结构建筑指主要承重结构全部采用钢材的建筑。

5. 其他结构建筑

其他结构建筑包括生土建筑、充气建筑、塑料建筑等。

（四）按建筑物的规模分类

1. 大型性建筑

大型性建筑指单体建筑规模大、影响大、投资大的建筑，如大型体育馆、机场候机楼、火车站、航空港等。

2.大量性建筑

大量性建筑指单体建筑规模不大，但建造数量多的建筑，如住宅、学校、中小型办公楼、商店等。

二、建筑的构成要素

建筑既表示建造房屋和从事其他土木工程的活动，又表示这种活动的成果建筑物，也是某个时期、某种风格建筑物及其所体现的技术和艺术的总称，如隋唐五代建筑、明清建筑、现代建筑等。

建筑物是人们为从事生产、生活和进行各种社会活动的需要，利用所掌握的物质技术条件，运用科学规律和美学法则而创造的社会生活环境，如厂房、宿舍、会堂等。仅仅为满足生产、生活的某一方面需要建造的某些工程设施则称为构筑物，如水池、水塔、支架、烟囱等。任何建筑，都是由建筑功能、建筑的物质技术条件和建筑的艺术形象3个基本要素构成的。

（一）建筑功能

建筑功能是指建筑的用途和使用要求。建筑功能的要求是随社会生产和生活的发展而发展的，不同的功能要求产生不同的建筑类型，因此不同的建筑类型就有不同的建筑特点。

随着社会生产的发展、经济的繁荣、物质和文化水平的提高，人们对建筑功能的要求也会日益提高。各类房屋的建筑功能不是一成不变的，以我国住宅建筑为例，现在的面积指标和生活设施的安排等水平就大大高于20世纪70年代。所以建筑功能的日益丰富和变化，要受一定历史条件的影响。

（二）建筑的物质技术条件

任何建筑都是由建筑材料组成的，并且都具有一定的结构。而要把建筑材料组成建筑结构，形成一个完整的建筑物，还要靠施工技术。因此材料、结构和施工技术就构成建筑的物质要素。

随着科学技术的发展，新的建筑材料不断出现，引起建筑结构的发展，也同时促进了建筑生产技术的进步。材料、结构和施工技术的发展，使复杂的大型结构得以实现，使建筑日新月异。材料、结构和施工技术不仅是构成建筑的物质要素，同时也是实现建筑功能目的的重要手段。例如，由于钢材、水泥和钢筋混凝土的问世，建筑由低层发展到高层和超高层，由小跨度发展到大跨度。

建筑技术设备对建筑业的发展也起着重要作用，如电梯和大型起重设备的应用，促进了高层建筑的发展。

1. 人体的各种活动尺度的要求

人体的各种活动尺度与建筑空间有着十分密切的关系。为了满足使用活动的需要，应该了解人体活动的一些基本尺度。如幼儿园建筑的楼梯阶梯踏步高度、窗台高度、黑板的高度等均应满足儿童的使用要求；医院建筑中病房的设计，应考虑通道必须能够保证移动病床顺利进出的要求等。家具尺寸也反映出人体的基本尺度，不符合人体活动尺度的家具会给使用者带来不舒适感。

2. 人的生理要求

人对建筑的生理要求主要包括：人对建筑物的朝向、保温、防潮、隔热、隔声、通风、采光、照明等方面的要求。这些是满足人们生产或生活所必需的条件。

3. 人的心理要求

建筑中对人的心理要求的研究主要是研究人的行为与人所处的物质环境之间的相互关系。不少建筑因无视使用者的需求，对使用者的身心和行为都会产生各种消极影响，如居住建筑的私密性和与邻里沟通的问题。再如，老年居所与青年公寓由于使用主体生活方式和行为方式的巨大差异，对具体建筑设计也应有不同的考虑，如若千篇一律，将会导致使用者心理接受的不利。

（三）建筑的艺术形象

建筑的艺术形象是建筑体型、立面式样、建筑色彩、材料质感、细部装修等的综合反映。建筑的艺术形象处理得当，就能产生一定的艺术效果，给人以一定的感染力和美的享受。例如我们看到的一些建筑，往往给人或庄严雄伟或朴素大方又或生动活泼的感觉，这就是建筑艺术形象的魅力。

不同时代的建筑有不同的艺术形象。例如，古代建筑与现代建筑的艺术形象就不一样。不同民族、不同地域的建筑也会产生不同的艺术形象。例如汉族和藏族、南方和北方，都会形成本民族、本地区各自的建筑艺术形象。

建筑三要素彼此之间是辩证统一的关系，不能分割，但又有主次之分。建筑功能是起主导作用的因素；建筑物质技术条件是达到目的的手段，但是技术对功能又有约束和促进的作用；建筑的艺术形象是功能和物质技术条件的反映，但如果充分发挥设计者的主观作用，在一定功能和技术条件下，可以把建筑设计得更加美观。

第三节　现代建筑设计的特点、原则与内容

一、现代建筑设计的特点

建筑设计根据建筑物的使用性质、所处环境和相应标准，运用物质技术手段和建筑美学原理，创造功能合理、舒适优美、满足人们物质和精神生活需要的室内外设计构思时，需要运用物质技术手段，即各类装饰材料和设施设备等；还需要遵循建筑美学原理，综合考虑使用功能、结构施工、材料设备、造价标准等多种因素。

如从设计者的角度来分析建筑设计的方法，主要有以下三点。

（一）总体与细部深入推敲

总体推敲即是建筑设计应考虑的几个基本观点，有一个设计的全局观念。细处着手是指具体进行设计时，必须根据建筑的使用性质，深入调查，收集信息，掌握必要的资料和数据，从最基本的人体尺度、人流动线、活动范围和特点、家具与设备的尺寸和使用它们必需的空间等方面着手。

（二）里外、局部与整体协调统一

建筑室内外空间环境需要与建筑整体的性质、标准、风格以及室外环境协调统一，它们之间有着相互依存的密切关系。因而设计时需要从里到外、从外到里多次反复协调，使其更趋于完善合理。

（三）立意与表达

设计的构思、立意至关重要。可以说，一项设计没有立意就等于没有"灵魂"，设计的难度也往往在于要有一个好的构思。一个较为成熟的构思，往往需要足够的信息量，有商讨和思考的时间，在设计前期和出方案过程中使立意逐步明确，形成一个好的构思。

二、现代建筑设计的原则

（一）建筑设计的一般性原则

建筑设计是一项政策性和综合性较强、涉及面广的创作活动，其成果不仅能体现当时的科学技术水平、社会经济水平、地方特点、文化传统和历史影响，还必然受到当时有关建筑方针政策的制约。建筑设计除应执行国家有关工程建设的方针政策外，还应遵循下列基本原则：

（1）坚决贯彻国家的有关方针政策，遵守有关的法律法规、规范和条例。

（2）遵守当地城市规划部门制定的城市规划实施条例。建筑设计必须服从城市规划的总体安排，充分考虑城市规划对建筑群体和个体的基本要求，使建筑成为城市的有机组成部分。具体的讲，有规划部门指定用地红线、建筑密度、容积率和绿化率等。

（3）考虑建筑的功能和使用要求，创造良好的空间环境，以满足人们生产、生活和文化等各种活动的需要。

（4）建筑设计的标准化应与多样化结合。在建筑构配件标准化和单元设计标准化的前提下，应注意建筑空间组合、形体和立面处理的多样化。建筑不仅应具备时代特征，还应具有寓于时代性之中的个性。

（5）考虑建筑的内外形式，创造良好的建筑形象，以满足人们的审美要求。

（6）建筑环境应综合考虑防火、抗震、防空和防洪等安全功能和设施。在设计时必须遵照相应建筑规范和建筑标准，采取必要的安全措施，以确保人民的生命财产安全。

（7）体现对残疾人、老年人的关怀，为他们的生活、工作和社会活动提供无障碍的室内外环境。

（8）考虑材料、结构与设备布置的可能性与合理性，妥善解决建筑功能和艺术要求与技术之间的矛盾。

（9）考虑经济条件，创造良好的经济效益、社会效益、环境效益和节能减排的环保效益。考虑施工技术问题，为施工创造有利条件，并促进建筑工业化。

（10）在国家或地方公布的各级历史文化名城、历史文化保护区、文物保护单位和风景名胜区实施的各项建设，应按国家或地方制定的有关条例和保护规划进行。注意不破坏原有环境，使新建筑物与环境协调，从而突出或加强应当保护的文物、景观及环境。

（二）建筑设计的基本原则

"适用、经济、在可能的条件下注意美观"是1953年我国第一个五年计划开始时提出来的建筑设计的基本原则。适用是指合乎我国经济水平和生活习惯，包括满足生产、生活或文化等各种社会活动需要的全部功能使用要求。经济是指在满足功能使用要求、保证建筑质量的前提下，降低造价，节约投资。美观是指在适用、经济条件下，使建筑形象美观悦目，满足人们的审美要求。"适用、经济、在可能的条件下注意美观"说明三者的关系既辩证统一，又主次分明。因此它符合建筑发展的基本规律，反映了建筑的科学性。

由于建筑本身包括功能、技术、经济、艺术等多方面的因素，因此在坚持建筑设计的基本原则的同时，还必须考虑相关方面的方针政策和规范的要求。例如在规划方面，要贯彻"工农结合、城乡结合，有利生产，方便生活"的方针；在技术方面，要贯彻"坚固适用，技术先进，经济合理"的方针；在艺术方面，要贯彻"古为今用，洋为中用，百花齐放，百家争鸣"的方针等。

此外，由于我国幅员辽阔，民族众多，各地的自然条件、经济水平、生活习惯等都不尽相同，因此在进行具体设计时，还必须根据具体情况，从实际出发来贯彻建筑设计的基本原则。

在建筑设计中，要完全达到适用、经济、美观，往往是有矛盾的。建筑设计的任务就是要善于根据设计的基本原则，把这三者有机地统一起来。

三、现代建筑设计的内容

一项建筑工程从拟定计划到建成使用都要经过编制设计任务书、审定设计指标及方案、选址及场地勘测、建筑工程设计、施工招标与组织、配套及装修工程、试运行及交付使用、回访总结这几个环节。

建筑工程设计是指设计一幢建筑物或一个建筑群所要做的全部工作，包括建筑设计、结构设计和设备设计三方面的内容。人们习惯上将之统称为建筑设计。从专业分工的角度确切来说，建筑设计是指建筑工程设计中由建筑师承担的那一部分设计工作。

（一）建筑设计

建筑设计可以是一个单项建筑物的建筑设计，也可以是一个建筑群的总体设计，一般由注册建筑师来完成。建筑设计就是指根据审批下达的设计任务书和国家相关的政策规定，综合分析建筑功能、建筑规模、建筑标准、材料供应、施工水平、地段特点和气候条件等因素，运用科学技术知识和美学方案，正确处理各种要求之间的关系，为创造良好的空间环境提供方案和建造蓝图。建筑设计在整个工程设计中起着主导和先行的作用，包括建筑空间环境的组合设计和构造设计两部分内容。

1. 建筑空间环境的组合设计

这一部分是通过建筑空间的规定、塑造和组合，综合解决建筑物的功能、技术、经济和美观等问题，主要通过建筑总平面设计、建筑平面设计、建筑剖面设计、建筑体型与立面设计来完成。

2. 建筑空间环境的构造设计

这一部分主要是确定建筑物各构造组成部分的材料及构造方式，包括为基础、墙体、楼地层、楼梯、屋顶和门窗等构配件进行详细的构造设计，也是建筑空间环境的组合设计的继续和深入。

（二）结构设计

结构设计是根据建筑设计方案选择切实可行的结构布置方案，进行结构计算及构件设计，一般由结构工程师完成。

（三）设备设计

设备设计主要包括给水排水、电气照明、采暖、通风、空调和动力等方面的设计，由有关专业的工程师配合建筑设计来完成。

建筑设计是在反复分析比较后与各专业设计协调配合，贯彻国家和地方的有关政策、标准、规范和规定，并经反复修改才逐步完成的。各专业设计的图纸、计算说明及预算汇总，构成项建筑工程的完整文件，作为建筑工程施工的依据。

第三章　绿色建筑的设计

第一节　绿色建筑设计理念

时代和科学技术的快速发展，低碳环保理念的逐渐深化，促使人们共同维护生态环境。建筑业作为国民经济的重要支柱产业，将绿色理念融入建筑设计中能够影响人们的生活方式，进而推进人与自然环境和谐相处的进程。本节主要对建筑设计中的绿色建筑设计理念的运用进行分析，阐述绿色建筑在实际设计中的具体应用。

绿色建筑设计是针对当今环境形势所产生的一种新型设计理念，强调可持续发展和节能环保，以保护环境和节约资源为目的，是当今建筑业发展的重要趋势。在建筑设计中，建筑师必须结合人们对环境质量的需求，考虑建筑的生命周期进行设计，从而实现人文、建筑以及科学技术的和谐统一。

一、绿色建筑设计理念

绿色建筑设计理念的兴起源于人们环保意识的不断增强，其在绿色建筑设计理念的运用过程中主要体现在以下三个方面。

建筑材料的选择。相较于传统建筑设计理念，绿色建筑设计在材料的选择上采用节能环保材料，这些建筑材料在生产、运输及使用过程中都是对环境较为友好的。

节能技术的使用。在建筑设计中节能技术主要运用在通风、采光及采暖等方面：在通风系统中引入智能风量控制系统以减少送风的总能源消耗；在采光系统中运用光感控制技术，自动调节室内亮度，减少照明带来的能源消耗；在采暖系统中引入智能化控制系统，智能调节建筑内部的温度。

施工技术的应用。绿色设计理念的运用提高了工厂预制率，减少了湿作业，提高了工作效率，提高了项目完成度的百分比。

二、绿色建筑设计理念的实际运用

平面布局的合理性。在建筑方案设计过程中，首先要考虑建筑平面布局的合理性，这会直接影响使用者的体验，在住宅的平面布局中比较重要的是采光，故而应合理规划布局，提高建筑对自然光的利用率，减少室内照明灯具的使用次数，降低电力能源消耗。好的采光设计可以增加阳光照射，充分利用好阳光照射进行杀菌、防潮的功效。在进行平面布局时应该遵循以下几项原则：设计当中要严格把握并控制建筑的体型系数，分析建筑散热面积与体型系数间的关系，在符合相关标准的基础上尽量增大建筑采光面积；在进行建筑朝向设计时，应充分考虑朝向的主导作用，使得室内既能接受更多的自然光照射，又能减少太阳光的直线照射。

门窗节能设计。在建筑工程中，门窗是节能的重点，是采光和通风的重要介质，在具体的设计中需要与实际情况相结合，科学合理地设计，合理选用门窗材料，严格控制门窗面积，以此减少热能损失。在进行门窗设计时，需要结合所处地区的四季变化情况与采暖设备进行适当调节，减少能源消耗。

墙体节能设计。在建筑业迅猛发展的背景下，各种新型墙体材料层出不穷，在进行选择时，需要在满足建筑节能设计指标的原则下合理选用墙体材料。例如加气混凝土材料等多孔材料具有更好的热惰性，可以用来增强墙体隔热效果，减少建筑热能扩散，达到节约能源、降低能耗的目的。在进行墙体设计时，可以铺设隔热板，增强墙体隔热保温性能，实现节能减排的目的。目前隔热板的种类和规格比较多，通过合理选择，隔热板不仅可以提升外墙结构的美观度，而且可以提高建筑的整体观赏价值，满足人民生活和城市建设的需求。

单体外立面设计。单体外立面是建筑设计中的重点，也是绿色建筑设计的重要环节，在开展该项工作时要与所处区域的气候特征相结合，选用适合的立面形式和施工材料。由于我国南北气候差异较大，在进行建筑单体外立面设计时，要对南北方的气候特征、热工设计分区、节能设计要求进行具体分析，科学合理地规划。对于北方建筑的单体立面设计，要严格控制建筑物体型系数、窗墙比等规定性指标。因为北方地区冬季温度很低，还需要考虑室内保温问题，在进行外墙和外窗设计时务必加强保温隔热处理，减少热力能源流失，保障室内空间的舒适度。对于南方建筑的单体立面设计，因为夏季温度高，故而需要科学合理地规划通风结构，应用自然风，大大降低室内空调系统的使用率，降低能耗。在进行单体外墙面设计时要尽量通过搭配装修材料的材质和颜色等，不仅提升建筑美观度，还削弱外墙的热传导，达到节能减排的目的。

选择环保的建筑材料。在我国，绿色建筑设计理念与可持续发展战略相一致，所以，在建筑设计的时候，要充分利用各种各样的环保建筑材料，实现材料的循环利用，降低能源消耗，达到节约资源的目的。全国范围内都在响应绿色建筑设计及可持续发展号召，建材市场上新型环保材料如不胜数，给建筑师提供了更多可选的节能环保材料。作为一名建筑设计师，要时刻遵循绿色设计理念、以追求绿色环保为目标，以实现绿色可持续发展为己任，持续为我国建设可持续发展的绿色建筑做出贡献。

　　充分利用太阳能。太阳能是一种无污染的绿色能源，是地球上取之不尽用之不竭的能量来源，所以，在进行建筑设计时，首要考虑的便是如何有效利用太阳能替代其他传统能源，以此大大降低其他不可再生资源的消耗。鼓励利用太阳能，是我国在节约能源方面的政策鼓励。太阳能技术是将太阳能转换成热能、电能，并供生产生活使用。建筑物可在屋顶设置光伏板组件，利用太阳的光能和热能，产生直流电；或是利用太阳能加热产生热能。除此之外，设计师应该合理运用被动采暖设计原理，充分利用寒冷冬季太阳的辐射和直射能量，降低室内空间的各种能源消耗。例如，设置较大的南向窗户或使用能吸收并缓慢释放太阳能的建筑材料。

　　构建水资源循环利用系统。水资源作为人类生存和发展的重要能源，要想实现可持续发展，有效践行绿色建筑理念，首先必须实现对水资源的节约与循环利用。在建筑设计中，设计师需要在确保生活用水质量的基础上，构建一系列的水资源循环利用系统，做好生活中污水的处理工作，即借助相关系统使生活生产污水经过处理以后，满足相关标准，用于冲厕、绿化灌溉等方面，从而极大地提高水资源的二次利用率。在规划利用生态景观中的水资源时，设计师应严格依据整体性原则、循环利用原则、可持续原则，将防止水资源污染和节约水资源当作目标，并从城市设计的角度做好"海绵城市"规划设计，做好雨水收集工作，借助相应系统处理收集到的雨水，作为生态景观用水，形成良好的生态循环系统。在建筑装修设计中，应选用节水型的供水设备，减少使用消耗大的设施，一定情况下可大量运用直饮水系统，既确保优质水的供应，又达到节约水资源的目的。

　　综上所述，在绿色建筑理念的倡导下，绿色建筑设计概念已成为建筑设计的基础。市场上从建筑材料到建筑设备都体现着绿色可持续的设计理念、支持着绿色建筑的发展，促使我国建筑业朝着绿色、可持续的方向不断前进。

第二节　我国绿色建筑设计的特点

　　如何让资源变得可持续利用，是当前亟待解决的一个问题。随着社会的不断发展，人类所面临的形势越来越严峻，人口基数越来越大，资源消耗越来越严重，生态环境越来越恶劣。面对如此严峻的形势，加速城市建筑的绿色节能化转变就变得越来越重要。建筑业随着经济社会的发展也在不断发展，建筑领域中对于实现可持续发展，维持生态平衡的问题也越来越关注，努力使经济建设符合绿色的基本要求。因此，绿色建筑理念的有效推广成为亟待解决的问题。

一、绿色建筑概念界定

　　绿色建筑指的是在建筑的全寿命周期内，最大限度地节约资源、保护环境、减少污染，为人们提供健康、适宜和高效的使用空间，成为与自然和谐共生的建筑。

发展绿色建筑对中国来说有着非常重要的意义。当前，我国的低能耗建筑标准规范还需进一步完善，国内绿色建筑设计水平还有待提高。

伴随着绿色建筑的社会关注度不断提升，绿色建筑必将成为建筑常态，按照住房和城乡建设部给出的绿色建筑定义，可以理解绿色建筑为一定要表现在建筑全寿命周期内的所有时段，包括建筑规划设计、材料生产加工、材料运输和保存、建筑施工安装、建筑运营、建筑荒废处理与利用等各个方面，每一环节都需要满足节约资源的原则，绿色建筑必须是环境友好型建筑，不仅要考虑到居住者的健康问题和实际需求，还必须和自然和谐相处。

二、绿色建筑的设计特点和发展趋势探析

节地设计。作为开放体系，建筑必须因地制宜，充分利用当地自然采光，降低能源消耗，减轻环境污染程度。绿色建筑在设计过程中一定要充分收集、分析当地居民资料，根据当地居民生活习惯来设计建筑项目，做好周围环境的空间布局，让人们拥有舒适、健康、安全的生活环境。

节能节材设计。倡导绿色建筑，要在建材行业中落实绿色建筑理念，积极推进建筑生产和建材产品的绿色化进程。设计师在进行施工设计的过程中，应最大限度地保证建筑造型要素简约，避免装饰性构件过多；要保证建筑室内所使用的隔断的灵活性，减少重新装修过程中的材料浪费情况和垃圾数量；尽量采取能耗低和影响环境程度较小的建筑结构体系；应用建筑结构材料的时候要尽量选取高性能绿色建筑材料。当前，我国通过工业残渣制作出来的高性能水泥与通过废橡胶制作出来的橡胶混凝土均为新型绿色建筑材料，设计师在设计的过程中应尽量选取、应用这些新型材料。

水资源节约设计。绿色建筑进行水资源节约设计的时候，首先，要大力提倡节水型器具的采用；其次，在适宜范围内利用技术经济的对比，科学地收集利用雨水和污水，进行循环利用；最后，还要注意在绿色建筑中应用中水和下水处理系统，用经过处理的中水和下水来冲洗道路、汽车，或者作为景观绿化用水。根据我国当前绿色建筑评价标准，商场建筑和办公楼建筑方面，非传统水资源利用率应该超过20%，在旅馆类建筑中则应超过15%。

绿色建筑在发展过程中不应局限于某个建筑之上，设计师应从大局出发，立足城市整体规划进行统筹安排。绿色建筑属于系统性工程，会涉及很多领域，例如污水处理问题。这不只是建筑专业范围需要考虑的问题，还需要与其他专业的配合来解决污水处理问题。就设计目标来说，绿色建筑在符合功能需求和空间需求的基础上，还应重视资源利用率的提升和污染程度的降低。设计师在设计过程中需要秉持绿色建筑的基本原则，尊重自然，强调建筑与自然的和谐，要注重对当地生态环境的保护，增强自然环境保护意识，让人们的行为和自然环境发展相互进步。

三、我国绿色建筑设计的必要性

建筑总能耗分为两种，一种是生产能耗，另一种是建筑能耗。我国 30% 的能耗总能量为建筑总能耗，其中，建材生产能耗量高达 12.48%。在建筑能耗中，围护结构材料并不具备良好的保温性能，保温技术相对滞后，传热耗能达到了 75% 左右，无形中增加了环境成本。所以，大力发展绿色建筑已经成为必然的趋势。

绿色建筑设计可以不断提升资源的利用率。从建筑业长久的发展来看，在建设建筑项目的过程中会对资源产生大量的消耗。我国土地虽然广阔，但是因为人口众多，很多社会资源都较为稀缺。建筑业想要在这样的环境里实现稳定可持续发展，就要把绿色建筑设计理念的实际应用作为工作的重点，结合人们的住房需求，应用最合理的办法，减少建筑建设造成的资源消耗，缓解在社会发展中所呈现出的资源稀缺的问题。

例如可以结合区域气候特点设计低能耗建筑；通过就地取材降低运输成本，选用多样化节能墙体材料来提升室内保温节能功能，应用太阳能、水能等可再生能源降低生活热源成本，循环使用建筑材料降低建筑成本等。

绿色建筑很大程度上扩大了建筑材料的可选范围。绿色建筑的发展让很多新型建筑材料和制成品有了用武之地，进一步淘汰了工艺技术相对落后的产品。例如，随着建筑业对多样化新型墙体保温材料要求的不断提高，GRC 板等新型建筑材料层出不穷，一些高耗能、高成本的建筑材料渐渐被淘汰。

在信息技术快速发展的背景下，科学技术手段不断应用于社会各个领域。同样，在建筑业中，也出现了很多绿色建筑的设计理念和相关技术，从根本上降低了资源浪费情况，进一步提升了建筑工程的质量水平。除此之外，随着科学技术的不断发展，与过去的建筑设计相比，当前建筑设计的工作在经济、能源以及环保等方面都有着很大的突破，给建筑工程质量的提升打下了良好的基础。

伴随着生产生活对能源的不断消耗，我国能源短缺问题已经变得越来越严重。社会经济的不断发展，让人们已经不再满足于最基本的生活需求，人们的生活质量正在逐步提升，希望能够有一个健康舒适的生活环境。在种种因素的影响下，大力发展绿色建筑已经成为我国建筑业发展的必然趋势。绿色建筑发展不仅仅是我国可持续发展对建筑业发展提出来的必然要求，也是人们对生活质量和工作环境提升的基本诉求。

第三节　绿色建筑方案的设计思路

受社会发展的影响，绿色设计在我国建筑设计行业越来越受重视，已经成为建筑设计中非常重要的内容。建筑设计会慢慢地向绿色建筑设计靠拢，绿色建筑为人们提供了舒适、健康的生活环境，通过将节能、环保、低碳意识融入建筑中，实现了自然与社会的和谐共生。现在我国建筑业对绿色建筑设计的重视程度非常高，对建筑业来说，绿色建筑设计理念的提出既是一个全新的发展机遇，同时又面临着一个严峻的挑战。本节分析绿色建筑设计思路在设计中的应用，探讨绿色建筑设计理念与设计原则，提出绿色建筑设计的具体应用方案。

近年来我国经济发展迅速，只是这样的发展，有时是以环境牺牲作为代价的。目前，环保问题成了整个社会所关注的热点，如何在提高生活水平的同时保护各类资源和降低污染就成了重点问题。尤其是对于建筑业来说，资源消耗较大，在整个建筑施工的过程中会造成大量的资源消耗。建筑业所需要的各种材料，往往也是消耗能源来制造的，制造的过程也会造成很多污染，比如钢铁制造业对于大气的污染，油漆制造对于水源的污染等。为了减少各种污染所造成的损害，绿色建筑体系应运而生，也就是说，在整个建筑物建设过程中要以环保为中心，多采用降低污染控制的建造方法。绿色建筑体系，对于整个生态环境的可持续发展具有重要的意义。除此之外，所谓的绿色建筑并不仅仅指建筑，要求建筑的环境也应处于一个绿色环保的，可以给居住其中的居民一个更为舒适的绿色生态环境。

一、绿色建筑设计思路和现状

不完全数据显示，建筑施工过程中产生的污染物质种类涵盖了固体、液体和气体三种状态，资源消耗上也包括了化工材料、水资源等物质，垃圾总量可以达到全球垃圾年均总量的 40% 左右，由此可以发现发展绿色建筑设计的重要性。简单来说，绿色建筑设计思路包括节约能源、节约资源、回归自然等设计理念，以人的需求为核心，通过对建筑工程的合理设计，最大限度地降低污染和能源的消耗，实现环境和建筑的协调统一。设计的环节需要根据不同的气候、区域环境有针对性地进行，综合建筑室内外环境、健康舒适性、安全可靠性、自然和谐性以及用水规划与供排水系统等因素合理设计。

绿色建筑设计在我国的应用受诸多因素的影响，还存在不少的问题，发展现状不容乐观。尽管近些年建筑业在国家建设生态环保型社会的要求下，进一步扩大了绿色建筑设计的建筑范围，但仍处于起步阶段，相关的建筑规范和要求仍然存在短板、不合理等问题，影响了绿色建筑设计的实际效果。相较于传统建筑施工，绿色建筑设计对操作工艺和经济成本的要求也更高，部分建设单位因成本等因素对绿色设计思路的应用兴趣不大；绿色建筑设计需要设计师具备较高的建筑设计能力，并在此基础上将生态环保理念融合到设计中，但目前我国实际的设计情况明显与预想不符，导致绿色建筑设计理念只流于形式，并未得到完全落实。

二、建筑设计中应用绿色设计思路的措施

绿色建筑材料设计。绿色建筑设计中，材料的选择和设计是首要环节。在这一阶段，绿色设计思路主要是从绿色选择和循环利用设计两个方面出发的。

绿色建筑材料的选择。建筑工程中，前期的设计方案除了会根据施工现场绘制图纸外，也会结合建筑类型事先罗列出工程建设中所需的建筑材料，以供采购部门参考。传统的建筑施工"重施工，轻设计"的观念导致材料选购清单的整理上存在较大的问题，材料、设备过多或紧缺的现象时有发生。所以，绿色建筑设计思路首先要考虑到材料选购的环节，应以环保节能为设计清单核心。综合考虑经济成本和生态效益，将建筑资金合理分配到材料的选购上，可以把国家标准绿色建材参数和市面上的材料数据填写到统一的购物清单中，提高材料选择的多样性。为了避免出现材料份额不当的问题，设计师要根据工程需求，设定合理数值范围，避免闲置和浪费。

循环材料设计。绿色建筑施工需要使用的材料种类和数量都较多，一旦管理的力度和范围有缺失就会导致资源的浪费，必须做好材料的循环使用设计方案。对于大部分的建筑工程而言，多数的材料都只使用了一次便无法再次利用，而且使用的塑料材质不容易降解，对环境造成了严重污染。相较而言，在绿色建筑施工管理的要求下，可以先将废弃材料分类。一般情况下，建材垃圾的种类有碎砌砖、砂浆、混凝土、桩头、包装材料以及屋面材料等，设计方案中可以给出不同材料的循环方法，如碎砖的再利用设计就可以考虑将其做脚线、阳台、花台、花园的补充铺垫或者重新将其进行制造，变成再生砖和砌块。

顶部设计。高层建筑的顶部设计在设计过程当中占据着非常重要的地位，独特的顶部设计能够增强建筑物整体设计的新鲜感，凸显自身的独特性，更好地与其他建筑设计相区分。比如，可以将建筑设计的顶部设计成蓝色天空的样子，晚上又变成明亮的灯塔，给人眼前一亮的感觉。但是，并不可以单纯为了博得大家的关注而使用过多的建筑材料，造成资源浪费，顶部设计的独特性应该建立在节约能源资源的基础上，以绿色设计为基础。

外墙保温系统设计。外墙自保温设计需要注意的是抹灰砂浆的配置要保证节能，尤其是抗裂性质的泥浆对于保证外保温系统的环保十分关键。为了保证砂浆维持在一个稳定的水平线以内，要在砂浆设计的过程中严格按照绿色节能标准，合理确定乳胶粉和纤维元素比例，保证砂浆对保温系统的作用。

绿色建筑不光指民用可持续发展建筑、生态建筑、回归大自然建筑、节能环保建筑等，工业建筑方面也要重视绿色、环保的设计，以减少对环境的影响。

如定州雁翎羽绒制品工业园区，就充分考虑到绿色环保的重要性，采用工业污水处理与零排放技术，在节能环保方面成效斐然，规模及影响力在全国羽绒制品行业也是首屈一指的。

该工业园区区位优势明显、交通便捷通畅、生态环境优良、环境承载能力较强，现有

开发程度较低，发展空间充裕，具备高起点高标准开发建设的基本条件。为响应国家千年发展之大计，这里建成了羽绒行业中最大的污水处理厂，工艺流程完善，做到了污水多级回收和重复利用，节能率最高，工艺设备最先进，池体结构复杂，整体结构控制难度大，嵌套式水池分布，土结构地下深度大，且为多层结构，利用率充分，设计难度大。

整个厂区的水循环系统为多点回用，污水处理有预处理、生化、深度生化处理、过滤，后续配备超滤反渗透、蒸发脱盐系统，是国内第一家真正实现生产污水零排放的羽绒企业。

简而言之，在建筑设计中应用绿色设计思路是非常有必要的，绿色建筑设计思路被广泛应用，取得了较好的实施效果，对其进一步的研究也是十分必要的。相信在以后的发展过程中，建筑设计中会加入更多的绿色设计思路，建筑绿色型建筑，为人们创建舒适的生活居住环境。

第四节　绿色建筑的设计及其实现

本节首先分析绿色环境保护节能建筑设计的重要意义，随后介绍绿色建筑初步策划、绿色建筑整体设计、绿色材料与资源的选择、绿色建筑建设施工等内容，希望能给相关人士提供参考。

随着环境的改变，绿色节能设计理念应运而生，这是近年来城市居民生活的直接诉求。在经济不断发展的今天，人们对生活质量的重视程度逐渐提升，这有利于环保节能设计逐渐成为建筑领域未来发展的主流方向。

一、绿色环境保护节能建筑设计的重要意义

绿色建筑拥有建筑物的各种功能，还可以按照环保节能原则实施高端设计，进一步满足人们对于建筑的各项需求。在现代化发展过程中，人们对于节能环保这一理念的接受程度不断提升，建筑业领域想要实现可持续发展，则需要积极融入环保节能设计相关理念。建筑应用期限以及建设质量在一定程度上会被环保节能设计的综合实力所影响，为了进一步提高绿色建筑建设质量，还需要加强相关技术人员的环保设计能力，将环保节能融入建筑设计的各个环节中，以提高建筑整体质量。

二、绿色建筑初步策划

节能建筑设计在进行整体规划的过程中，首先需要考虑环保方面的要求，通过有效的宏观调控手段，确保建筑环保价值、经济价值和商业价值，使三者之间保持良好的平衡状态。在保证建筑工程基础商业价值的同时，提高建筑整体环保价值。通常情况下，建筑物

主要采用坐北朝南的结构，这种结构不但能够保证房屋内部拥有充足的光照，还能提高建筑的整体商业价值。实施节能设计的过程中，建筑通风是重点环节，合理的通风设计可以进一步提高房屋通风质量，促进室内空气的正常流通，维持室内空气清新健康，提高对空气和光照等资源的使用效率。在建筑工程中，室内建筑构造为整个工程中的核心内容，通过对建筑室内环境的合理布局，可以充分利用室内空间，加强个体空间与公共空间的有机结合，最大限度地提升建筑的节能环保效果。

三、绿色节能建筑整体设计

空间和外观。通过对空间和外观的合理设计，能够完成生态设计的目标。建筑表面积和覆盖体积之间的比例为建筑体型系数，能够反映建筑空间和外观的设计效果。如果外部环境相对稳定，体型系数能够直接决定建筑的能源消耗，建筑体型系数越大，建筑单位面积散热效果越强，总体能源消耗就多，因此需要合理控制建筑体型系数。

门窗设计。建筑物外层便是门窗结构，和外部环境中的空气直接接触，空气会顺着门窗的空隙传入室内，改变室温状态，使建筑无法发挥良好的保温隔热效果。在这种情况下，就需要进一步优化门窗设计。窗户在整个墙面中的比例应该维持在适中状态，从而有效控制采暖的消耗。对门窗开关形式进行合理设计，比如推拉式门窗能够防止室内空气对流，在门窗的上层添加嵌入式的遮阳棚，对阳光照射量进行合理调节，可使室内温度维持在一种相对平衡的状态，维持最佳的体感温度。

墙体设计。建筑墙体的功能之一便是使建筑物维持良好的温度状态。环保节能设计过程中，需要充分利用建筑墙体作用，提升建筑物外墙保温效果，增加外墙混凝土厚度，通过新型的节能材料提升整体保温效果。新兴材料能够进一步减缓户外空气朝室内的传播效果，降低户外温度对室内温度的不良影响，取得良好的保温效果。除此之外，新兴材料还可以有效预防热桥和冷桥磨损建筑物墙体，延长墙体使用期限。最新研发出来的保温材料有耐火纤维、膨胀砂浆和泡沫塑料板等。

四、绿色材料与资源的选择

合理选择建筑材料。材料是环保节能设计中的重要内容，建筑工程结构十分复杂，因此对于材料的消耗也相对较大，尤其是对各种给水材料和装饰材料而言。高质量的装饰材料能够强化建筑环保节能功能，比如使用淡色系的材料进行装饰，不仅可以进一步提高室内空间整体的开阔度和透光效果，还能合理调节室内的光照环境，结合室内采光状态调整光照，以减少电力消耗。排水施工是建筑工程施工中的重要环节，同样需要做好环保设计，尽量选择结实耐用、节能环保、危险系数较低的管材，增加排水管道使用期限，降低管道维修次数，为人们提供更加方便的生活，提升整个排水系统的稳定性与安全性。

利用清洁能源。对清洁能源的应用是指将最新发展出来的能源方面的新科技、新技术广泛应用于建筑领域，受到市场的广泛欢迎。作为环保节能设计中的核心技术，难度较高的有风能技术、地热技术和太阳能技术，其开发出来的都是可再生能源，永远不会枯竭。将相关尖端技术有效融入建筑领域中，可以为环保节能设计锦上添花。现代建筑对太阳能的应用逐渐扩大，人们可以通过太阳能直接发电与取暖，成为现代环保节能设计中的重要能源渠道。社会的发展离不开能源，而随着发展速度的不断加快，能源消耗也逐渐增加，清洁能源的有效利用可以缓解能源压力，清洁能源不会造成二次污染，进而满足人们的绿色生活需求。当下建筑领域中的清洁光源以自然光源为主，能够有效减轻视觉压力，为此在设计过程中需要提升自然光的利用率，利用光线衍射、反射与折射现象，合理利用光源。太阳能供电因为需要投入大量资金进行基础设施建设，在一定程度上阻碍了太阳能技术的推广。风能的应用则十分灵活，包括机械能、热能和电能等，都可以由风能转化并进行储存，从这个角度来看风能比太阳能拥有更为广阔的开发前景。绿色节能技术的发展能够在建筑领域中发挥更大的作用。

五、绿色建筑建设施工技术

地源热泵技术。地源热泵技术常用于解决建筑物中的供热和制冷难题，能够获得良好的节能效果。和空气热泵技术相比，地源热泵技术在实践操作过程中不会对生态环境造成太大的影响，只会对周围部分土壤的温度造成一定影响，而对于水质和水位没有太大影响，因此可以说地源热泵拥有良好的环保特性。地下管线的应用性能容易受外界温度影响，在热量吸收与排放相互抵消的条件下，地源热泵能够达到最佳的应用状态。我国南北方存在巨大温差，为此地下管线的养护需要使用不同的处理措施。北方可以通过增设辅助供热系统的方式，分散地源热泵的运行压力，提高系统运行的稳定性；南方地区可以通过建设冷却塔的方法分散地源热泵的工作负担，延长地源热泵应用期限。

蓄冷系统。通过对蓄冷系统的优化设计，可以控制送风温度，减少系统的运行能耗。因为夜晚的温度通常都比较低。方便在降低系统能耗的基础上有效储存冷气，在电量消耗相对较大的情况下有效储存冷气，在电力消耗较大的情况下协助系统将冷气自动排送出去，结束供冷工作，减少电力消耗。相同条件下，储存冰的冷器量远远大于水的冷气量，冰所占的储冷容积也相对较小，热量损失较低，因此能够有效降低能量消耗。

自然通风。自然通风可以促进室内空气的快速流动，实现室内外空气的顺畅交换，维持室内新鲜的空气状态，满足人们对舒适度要求的同时不会额外消耗能源，降低污染物产量，在零能耗的条件下，使室内的空气达到一种良好的状态。在这种理念的启发下，绿色空调暖通的设计理念应运而生。自然通风可以分为热压通风和风压通风两种形式，占据核心地位、具有主导优势的是风压通风。建筑物附近的风压条件会对整体通风效果产生一定影响。在这种情况下，需要合理选择建筑物位置，充分结合建筑物的整体朝向和分布格局进行科学分析，提高建筑物整体通风效果。在设计过程中，还需充分结合建筑物剖面和平面状态综合考虑，尽量降低空气阻力对建筑物的影响，扩大门窗面积，使其维持在同一水平面上，实现减小空气阻力的目的。天气是影响户外风速的主要因素，为此在对建筑窗户进行环保节能设计时，可以通过添加百叶窗的方式对风速进行合理调控，减轻户外风速对室内通风的影响。热压通风和空气密度之间的联系比较密切。室内外温度差异容易影响整体空气密度，空气能够从高密度区域流向低密度区域，促进室内外空气的顺畅流通，室外干净的空气流入，把室内浑浊的空气排送出去，提升室内空气质量。

空调暖通。建筑物保温功能主要是通过空调暖通实现的。为了实现节能目标，可以对空调的运行功率进行合理调控，从而有效减少室内热量消耗，提高空调暖通的环保节能效果。除此之外，还可以通过对空调风量进行合理调控的方法以降低空调运行压力，减少空调能耗，实现节能目标。把变频技术融入空调暖通系统中，能够进一步减少空调能耗，和传统技术下的能耗相比降低了四成，提高空调暖通的节能效果。经济发展提升了人们整体生活质量，但也加重了环境污染，影响到人们的健康。对空调暖通进行优化设计能够有效降低污染物排放，减少能源消耗，提升室内环境质量。在对建筑中的空调暖通设备进行设计的过程中，还需要充分结合建筑外部的气流状况和当地地理状况，合理选择环保材料，做好系统升级，提升环保节能设计的社会性与经济效益。

电气节能技术。在新时期的建筑设计中，电气节能技术的应用范围逐渐扩大，能够进一步减少能源消耗。电气节能技术大都应用于照明系统、供电系统和机电系统中。在配置供电系统相关基础设备的过程中，应该始终坚持安全和简单的原则，预防出现相同电压的变配电技术超出两端的问题，外变配电所应该和负荷中心之间维持较近的距离，从而有效减少能源消耗，使整个线路的电压维持一种稳定的状态。为了降低变压器空载过程中的能量损耗，可以选择配置节能变压器。为了进一步保证热稳定性，控制电压损耗，应该合理配置电缆电线。照明设计和配置之间完全不同，照明设计需要符合相应的照度标准。合理的照度设计能降低电气系统能源消耗，实现优化配置的终极目标。

综上所述，环保节能设计符合新时期的发展诉求，是建筑领域未来发展的主流方向，能够不断优化人们的生活环境和生活质量，在确保建筑整体功能的基础上，为人们提供舒适生活，打造良好生态环境。

第五节　绿色建筑设计的美学思考

在以绿色与发展为主题的当今社会，我国经济飞速发展，科技创新不断进步，在此背景下，绿色建筑在我国得以全面发展，各类优秀的绿色建筑案例不断涌现，给建筑设计领域带来了一场革命。建筑作为一门凝固的艺术，是一种以建筑的工程技术为基础的造型艺术。绿色技术对建筑造型的设计影响显著，希望本节能对从事建筑业的同行有所帮助。

建筑是人类改造自然的产物，绿色建筑是建筑学发展到当前阶段人类对不断恶化的居住环境的改造诉求。绿色建筑的主题是对建筑三要素"实用、经济、美观"的最好解答，基于此，对绿色建筑理念下的建筑形式美学开展研究分析，就十分必要了。

一、绿色建筑设计的美学基本原则

"四节一环保"是绿色建筑概念最基本的要求，《绿色建筑评价标准》更是提出了"以人为本"的设计理念。因此对于绿色建筑的设计来说，首先要回归建筑学的最本质原则，建筑师要从"环境、功能、形式"三者的本质关系入手，建筑所表现的最终形式就是对这三者关系的最真实的反映。至于建筑美，从建筑诞生那刻起，人类对建筑美的追求就从未停止，虽然不同时代、不同时期人们的审美眼光有所不同，但美的法则是有其永恒的规律可遵循的。优秀的建筑作品都遵循了"多样统一"的形式美原则，如主从、对比、韵律、比例、尺度、均衡等基本法则仍然是建筑审美的最基本原则。从建造角度来讲，建筑本身是和建筑材料密切相关的。整个建筑的历史，从某种意义来说也是一部建筑材料史。绿色建筑美的表现还在于对建筑材料本身特质与性能的真实体现。

二、绿色建筑设计的美学体现

生态美学。生态美是所有生命体和自然环境和谐发展的基础，需要确保生态环境中的空气、水、植物、动物等众多元素协调统一，建筑师的规划设计需要在满足自然规律的前提下来实现。我们都知道，中国传统民居就是古代劳动人民在适应自然、改造自然的过程中不断积累经验，利用本土建筑材料与长期积累的建造技艺来建造的，最终形成一套具有浓郁地方特色的建筑体制。无论是北方的合院、江南的四水归堂、中西部的窑洞，还是西南地区的干栏，都是适应当地自然环境气候特征，并因地制宜进行建造的结果，从本质上体现了先民与自然和谐相处的哲学思想。现代生态建筑的先驱及实践者、马来西亚建筑大师杨经文的作品为现代建筑的生态设计提供了重要的方向。他认为："我们不需要采取措施来衡量生态建筑的美学标准。我认为，它应该看起来像一个'生活'的东西，它可以改变、成长和自我修复，就像一个活的有机体，同时它看起来必须非常美丽。"

工艺美学。现代建筑起源于工艺美术运动，最早有关科技美的思想，是德国的物理学家兼哲学家费希纳所提出的。建筑是建造艺术与材料艺术的统一体，它表现出的结构美、材料质感美都与工业、科技的发展进步密不可分。人类进入信息化社会后，区别于以往单纯追求技术，未来建筑会更加智能化，科技感会更突出。这种科技美的出现不仅打破了过去自然美和艺术美的概念，还为绿色建筑更好地发展提供了新的机会。与以往"被动式"的绿色技术建筑不同，未来的绿色建筑将更加"主动"，从某种意义上讲绿色建筑也会变得更加有机，其自我调控和修复的能力更强。

空间艺术。建筑从使用价值的角度来讲，本质的价值不在于外部形式而在于内部空间本身。健康舒适的室内空间环境是绿色建筑最基本的要求。在不同地域、不同气候特征下，建筑内部的空间特征就有所区别，一般来说，严寒地区的室内空间封闭感比较强，炎热地区的空间就比较开敞通透。建筑内部对空间效果的追求要以有利于建筑节能，有利于室内获得良好通风与采光为前提。同时，室内空间的设计要能很好地回应外部的自然景观条件，能将外部景观引入室内（对景、借景），二者相结合形成美的空间视觉感受。

三、绿色建筑设计的美学设计要点

绿色建筑场地设计。绿色建筑的场地设计要求我们在开发利用场地时，能保护场地内原有的自然水域、湿地、植被等，保持场地内生态系统与场外生态系统的连贯性。正所谓"人与天调，然后天下之美生"，意为只有将"人与天调"作为基础，全面地关注和重视，只有基于对生态的重视，我们才能实现可持续发展，从而设计并展现出真正的美。这就要求我们在改造利用场地时，选址要合理，所选基地要适合建筑的性质；在场地规划设计时，要结合场地自身的特点（地形地貌等），因地制宜地协调各种因素，最终形成比较理性的规划方案。建筑物的布局应合理有序，功能分区明确，交通组织合理。真正与场地结合完美的建筑就如同在场地中生长一般，如现代主义建筑大师赖特的代表作流水别墅，就是建筑与地形完美结合的经典之作。

绿色建筑形体设计。基于绿色建筑理念下的建筑形态设计，建筑师应充分考虑建筑与周边自然环境的联系，从环境入手考虑建筑形体，建筑的风格应与城市、周边环境相协调。一般在"被动式"节能理念下，建筑的形体应该规整，控制好建筑表面积与体积的比值（体型系数），才能节约能耗。对于高层建筑，风荷载是最主要的水平荷载。建筑形体要求能有效减弱水平风荷载的影响，这对节约建筑造价有着积极的意义，如上海金茂大厦、环球金融中心的形体处理就是非常优秀的案例。在气候的影响下，严寒地区的建筑形体一般比较厚重，而炎热地区的建筑形体则比较轻盈舒展。在场地地形差比较复杂的时候，建筑的形态更应结合场地地形来处理，以此来实现二者的融合。

绿色建筑外立面设计。绿色建筑的外立面首先应比较简洁，应该摒弃无用的装饰构件，这符合现代建筑"少就是多"的美学理念。为了保证建筑节能效果，应在满足室内采光要求下，合理控制建筑物外立面的开窗尺度。在建筑立面表现上，我们可根据遮阳设置一些水平构架或垂直构件，建筑立面的元素要有实用功能。在此理念下，结合建筑美学原理来组织各种建筑元素，体现建筑造型风格。在建材选择上，应积极选用绿色建材，建筑立面要能充分表现材料本身的特色，如钢材的轻盈、混凝土的厚重及可塑性、玻璃的反射与投射等等。在智能技术发展普及下，建筑的外立面不是一旦建成就固定不变了，如今已实现了可控可调，建筑的立面可以与外部环境互动，丰富了建筑的立面视觉感观。如可根据太阳高度及方位的变化来智能调节角度的遮阳板，可以"呼吸"的玻璃幕墙，立体绿化立面等等，都展现出了科技美与生态美的理念。

绿色室内空间设计。在室内空间方面，绿色建筑提倡装修一体化设计，这样可以缩短建筑工期，减少二次装修带来的建筑材料上的浪费。从建筑空间艺术角度来看，一体化设计更有利于建筑师对建筑室内外整体建筑效果的把控，有利于建筑空间氛围的营造，有利于实现高品位的空间设计。从室内空间的舒适性方面来看，绿色建筑的室内空间要求能改善室内自然通风与自然采光条件。基于此，中庭空间是最常用的建筑室内空间，可结合建筑的朝向以及主要风向设置中庭，形成通风甬道。同时将外部自然光引入室内，利用烟囱效应，有助于引进自然气流，置换优质的新鲜空气。中庭地面设置绿化、水池等景观，在提供视觉享受的同时，更有利于改善室内小气候。

绿色建筑景观设计。景观设计由于所处国度及文化不同，设计思想差异很大。以古典园林为代表的中国传统景观思想讲究体现山水的自然美，而西方古典园林的表达则是以几何美为主。在这两种哲学思想下，形成了现代景观设计的两条主线。绿色主题下的景观设计应该更重视如何建立良性循环的生态系统，体现自然元素，减少人工痕迹。在绿化布局中，要改变过去单纯二维平面维度的布置思路，应该提高绿容率，讲究立体绿化布置。在植物配置的选择上应以乡土树种为主，提倡"乔""灌""草"的科学搭配，提高整个绿地生态系统对人居环境质量的提高作用。

绿色建筑的发展打破了固有的建筑模式，给建筑行业注入了新的活力。伴随着人们对绿色建筑认识的提高，对于绿色建筑的审美能力也会不断提升。作为建筑师应该提升个人修养，杜绝奇怪的建筑形式，设计符合大众审美的建筑作品。

第六节　绿色建筑设计的原则与目标

以"生态引领、绿色设计"为主的绿色建筑设计理念逐渐引起建筑业的重视，并得到了一定程度的推广与应用。以绿色建筑为主的设计理念主张结合可持续发展的战略，实现建筑领域内的绿色设计目标，解决以往建筑施工的污染问题，最大限度地确保建筑绿色施工效果。可以说，绿色建筑设计已成为我国建筑领域重点贯彻与落实的工作内容。基于此，本节主要以绿色建筑设计为研究对象，重点针对绿色建筑设计原则、实现目标及设计方法进行合理分析，以供参考。

全面贯彻与落实国家建筑部会议精神及决策部署，牢固树立创新、绿色、开放的建筑领域发展理念，已成为建筑工程现场施工与设计工作的理念与核心目标。目前，对于绿色建筑设计问题，必须严格遵循可持续发展理念与绿色建筑设计理念，即构建以创新发展为内在驱动力，以绿色设计与绿色施工为内在抓手的设计理念，以期为绿色建筑设计及现场施工提供有效保障。与此同时，在实行绿色建筑设计的过程中，建筑设计师必须始终坚持把"生态引领、绿色设计"放在全局规划设计当中，力图将绿色建筑设计工作带入到建筑工程的整体施工当中。

一、绿色建筑的相关概述

基本理念。所谓的绿色建筑主要是指在建筑设计与建筑施工过程中，始终秉持人与自然协调发展的原则，结合节能降耗发展理念，保护环境，减少污染，为人们提供健康、舒适和高效的使用空间，建设与自然和谐共生的建筑物。在提高自然资源利用率的同时，促进生态建筑与自然建筑的协调发展。在实践过程中，绿色建筑一般不会使用过多的化学合成材料，主要利用自然能源，如太阳光、风能等可再生资源，让建筑使用者直接与大自然相接触，减少以往人工干预的问题，确保居住者生活在一个低耗、高效、环保、绿色、舒心的环境当中。

核心内容。绿色建筑核心内容以节约能源与回归自然为主。其中，节约能源资源主要是指在建筑设计过程中利用环保材料，最大限度地保证建设环境安全。与此同时提高材料利用率，合理处理并配置剩余材料，确保可再生能源得以反复利用。举例而言，针对建筑供暖与通风设计问题，在设计方面应该尽量减少空调等供暖设备的使用量，最好利用自然资源，如太阳光、风能等，加强阳面的通风效果与供暖效果。一般来说，不同地区的夏季主导风向有所不同。建筑设计师可以根据不同的地理位置以及气候因素进行统筹规划与合理部署，科学设计建筑平面形式和总图布局。

绿色建筑设计主要是指在充分利用自然资源的基础上，实现建筑内部设计与外部环境的协调发展。通俗来讲，就是在和谐中求发展，尽可能地确保建筑工程的居住效果与使用效果。在设计过程中，应当摒弃传统能耗问题过大的施工材料，杜绝使用有害化学材料等，尽量控制好室内温度与湿度问题。待设计工作结束之后，现场施工人员往往需要深入施工场地进行实地勘测，及时明确施工区域的土壤条件，是否存在有害物质等。需要注意的是，对于建筑施工过程中使用的石灰、木材等材料必须事先做好质量检验工作，防止出现施工能耗问题。

二、绿色建筑设计的原则

简单实用原则。工程项目设计工作往往需要立足于当地经济特点、环境特点以及资源特点等方面统筹考虑，对待区域内自然变化情况，必须充分利用各项元素，以提高建筑设计的合理性与科学性。由于不同地域经济文化、风俗习惯存在一定差异，因此所对应的绿色设计要求与内容也不尽相同。针对于此，绿色建筑设计工作必须在满足人们日常生活需求的前提下，尽可能地选用节能型、环保型材料，确保工程项目设计的简单性与适用性，更好地加强建筑对外界不良环境的抵抗能力。

经济和谐原则。绿色建筑设计针对空间设计、项目改造以及拆除重建问题予以重点研究，并针对施工过程中能耗过大的问题（如化学材料能耗问题等）进行合理改进。主张现场施工人员以及技术人员采取必要的控制手段，解决以往施工能耗过大的问题。与此同时，严格要求建筑建筑设计师必须事先做好相关调查工作，明确施工场地施工条件，针对不同建筑系统采取不同的方法策略。为此，绿色建筑设计要求建筑设计师必须严格遵照经济和谐原则，充分结合并与发展可持续发展理念相结合，满足工程建设经济性与和谐性的要求。

节约舒适原则。绿色建筑设计的主体目标在于如何实现能源资源节约与成本资源节约的双向发展。因此，国家建筑部将节约舒适原则视为绿色建筑设计工作必须予以重点践行的工作内容。严格要求建筑设计师必须立足于城市绿色建筑设计要求，重点考虑城市经济发展需求与主要趋势，根据建设区域条件，重点考虑住宅通风与散热等问题，减少空调、电扇等高能耗设备的使用频率，初步缓解能源需求与供应之间的矛盾。除此之外，在建筑隔热、保温以及通风等功能的设计与应用方面，最好实现清洁能源与环保材料的循环使用，进一步提升人们生活的舒适程度。

三、绿色建筑设计目标内容

新版《公共建筑绿色设计标准》与《住宅建筑绿色设计标准》针对绿色建筑设计目标内容做出了明确指示与规划，要求建筑设计师从多个层面入手，实现层层推进、环环紧扣的绿色建筑设计目标。重点从各个耗能区域入手，加强节能降耗设计，以确保绿色建筑设计内容实现建筑施工全范围的覆盖。笔者结合实际工作经验，总结与归纳出绿色建筑设计亟待实现的目标内容，仅供参考。

功能目标。绿色建筑设计功能目标涵盖面较广，集中以建筑结构设计功能、居住者使用功能、绿色建筑体系结构功能等目标内容为主。在实行绿色建筑设计工作时，建筑设计师必须从住宅温度、湿度、空间布局等方面综合衡量与考虑，如空间布局规范合理、建筑面积适宜、通风性良好等。与此同时，在身心健康方面，建筑设计师必须立足于当地实际环境条件，为室内空间设计良好的空气流通环境，所选用的装饰材料必须满足无污染、无辐射的条件，最大限度地确保建筑物安全，增加建筑物的使用功能。

环境目标。做好绿色建筑设计工作的本质，其目的在于尽可能降低施工过程中造成的污染。因此，对于绿色建筑设计工作而言，必须首先确定环境设计目标。在正式设计阶段，最好着眼于合理规划建筑设计方案方面，确保绿色建筑设计目标能够得以实现。与此同时，在能源开采与利用方面，最好重点明确设计目标内容，确保建筑物各结构部位的使用效果。如结合太阳能、风能、地热能等自然能源，降低施工过程中的能耗污染。

成本目标。经济成本始终是建筑项目必须重点考虑的效益问题。对于绿色建筑设计工作而言，实现成本目标对于工程建设项目具有至关重要的作用。对于绿色建筑设计成本而言，往往需要从建筑全寿命周期进行核定。对待成本预算工作，必须从整个建筑层面的规划入手，合理记录各个独立系统额外增加的费用，从其他处合理减少，防止总体成本发生明显波动。如太阳能供暖系统的投资成本虽然增加了，但是可以降低建筑的运营成本。

四、绿色建筑设计工作的具体实践分析

关于绿色建筑设计工作的具体实践，笔者主要以通风设计、给排水设计、节材设计为例进行阐述。其中，通风设计作为绿色建筑设计的重点内容，需要着眼于绿色建筑设计目标，针对绿色建筑结构进行科学改造。如合理安排门窗开设问题、适当放宽窗户开设尺寸要求，以达到提高通风量的目的。与此同时，对于建筑物内部走廊过长或者狭小的问题，建筑设计师一般会针对楼梯走廊添加开窗设计，提高楼梯走廊光亮程度以及通风效果。

在给排水系统设计方面，应当严格遵循绿色建筑设计理念，将提高水资源利用效率作为给排水系统设计的核心目标。在排水管道设施的选择方面，尽量选择具备节能、绿色的管道设施。在布局规划方面，必须满足严谨、规范的绿色建筑设计原则。在节约水资源方面，最好合理回收并利用雨水资源、规范处理废水资源。举例而言，废水资源经循环处理之后，可以用于现场施工，清洗施工设备等。

在建筑设计过程中，节材设计尤为重要。建筑材料的选择直接影响着设计手法和表现效果，建筑设计应尽量多地采用天然材料，力求资源可重复利用，减少资源的浪费。木材、竹材、石材、钢材、砖块、玻璃等均是可重复利用的极好建材，是现在建筑师最常用的设计材料之一，也是体现地域建筑特色的重要表达方式。旧材料的重复利用，加上现代元素的金属板、混凝土、玻璃等，能形成强烈的新旧对比，在节材的同时赋予了旧材料以新生命，也彰显了人文情怀和地方特色。材料的重复使用更能凸显绿色建筑中地域与人文的"呼应"、传统与现代的"融合"、环境与建筑的"一体"的理念。

总而言之，绿色建筑设计作为实现城市可持续发展与环保节能理念落实的重要保障，理应从多个层面实现层层推进、环环紧扣的绿色建筑设计目标。在绿色建筑设计过程中，最好将提高能源资源利用率以及实现节能、节材、降耗目标放在首要的战略位置，力图在降低能耗的同时节约成本。与此同时，在绿色建筑设计过程中，对于项目规划与设计问题，必须尊重自然规律、保持生态平衡。对待施工问题，不得擅自主张改建或者扩建，确保能够实现人与自然和谐相处的目标。需要注意的是，工程建筑设计师要立足当前社会发展趋势与特点，明确实行绿色建筑设计的主要原则及目标，从根本上确保绿色建筑设计效果，为工程建造安全提供保障。

第七节 基于 BIM 技术的绿色建筑设计

社会的快速发展推动了我国的城市化进程，使得建筑业的发展取得了突飞猛进的效果，建筑业在快速发展的同时也给我国的生态环境带来了一定的污染，一些能源也面临着枯竭。这类问题的出现对我国的经济发展产生了重大的影响。随着环境和能源问题的日益增加，我国对于生态环境保护工作给予了重大的关注，使我国现阶段的发展理念以节能、绿色和环保为主。作为我国城市发展基础工程的建筑工程，为了适应社会的发展，也逐渐向着绿色建筑的方向进步。虽然我国对于绿色建筑已在大力发展，但是由于一些因素的影响，绿色建筑的发展存在着一些问题，为了有效地解决绿色建筑发展中出现的问题，就需要在绿色建筑发展中合理地运用 BIM 技术。本节主要针对基于 BIM 技术的绿色建筑设计进行分析和研究。

一、BIM 技术和绿色建筑设计的概述

BIM 技术。BIM 技术是一种新的建筑信息模型，通常应用在建筑工程中的设计与建筑管理中，BIM 的运行方式主要是先通过参数对模型的信息进行整合，并在项目策划、维护以及运行中进行信息的传递。将 BIM 技术应用在绿色建筑设计中，不但可以为建筑单位以及设计团队奠定一定的合作基础，还可以有效地为建筑物从拆除到修建等各个环节提供有力的参考，由此可见，BIM 技术有助于建筑工程的量化和可视化。在项目建筑中，不论任何单位都可以利用 BIM 技术来对作业的情况进行修改、提取以及更新，所以说 BIM 技术还可以促进建筑工程的顺利开展。BIM 技术的发展是以数字技术为基础，是利用数字信息模型来对信息在 BIM 中进行储存的一个过程，这些储存的信息一般是对工程建筑施工、设计和管理具有重要作用的信息，通过 BIM 技术实现对关键信息的统一管理，有利于施工人员的工作。应用 BIM 技术的建筑模型技术，主要运用的是仿真模拟技术，这种技术即使面对的是一项复杂的工程，也可以快速地分析工程的信息。BIM 技术具有模拟性、协调性和可视性等特点，可以有效地提高建筑工程的施工质量，降低施工成本。

绿色建筑设计。绿色建筑在我国近几年的发展中，应用的范围越来越广泛。绿色建筑的发展源于人们对以往的建筑业和工业发展带来的环境污染和资源浪费的反思，发展绿色建筑主要是希望建筑物在发挥其自身特性的同时，也能够达到节能减排的效果。绿色建筑是为了使我国的建筑发展在建筑物有限的使用寿命里有效地减少污染，只有这样才能够提升人们的生活质量，促进人与建筑以及人与人的和谐发展。绿色建筑是一种建筑设计理念，并不是在建筑的周围进行一种绿色设计，简单来说，就是在工程建设不破坏生态平衡的前提下，还能够有效地减少建筑材料的使用以及能源的使用，发展的主要目的是节能环保。

二、BIM 技术与绿色建筑设计的相互关系

BIM 技术为绿色建筑设计赋予了科学性。BIM 技术主要是借助数字信息模型来对绿色建筑中的数据进行分析，分析的数据不但包括设计数据，还包括施工数据，所以 BIM 技术的运用贯穿于建筑工程项目的始终。BIM 技术可以在市政、暖通、水利、建筑以及桥梁的施工中进行使用，在建筑工程中利用 BIM 技术，主要是为了减小工程建设的能源损耗，提高施工效率和施工质量。由于 BIM 技术的发展是以数字技术为基础，所以对数据的分析具有精确性和正确性，在绿色建筑设计的数据分析中利用 BIM 技术，可以使绿色建筑的设计更加科学化和规范化，经过精确的数据分析，可以更好地达到绿色建筑的行业标准要求。

绿色建筑设计促进了 BIM 发展技术的提升。BIM 技术在我国现阶段的发展处于探究发展的阶段，还没完全成熟，为了促进 BIM 技术的发展，应在实际的运用中对 BIM 技术问题进行发现和修整。因此，在绿色建筑设计中应用 BIM 技术可以有效地加快 BIM 技术发展的速度。由于绿色建筑设计的每一个环节都需要用到 BIM 技术来进行辅助工作和数据支撑，所以应及时发现 BIM 技术在每一个环节中出现的问题。

三、基于 BIM 技术的绿色建筑设计

节约能源的使用。绿色建筑设计发展的要求就是做到对资源使用的节约，所以说节约能源是绿色建筑设计发展的重要内容。在绿色建筑设计中应用 BIM 技术，可以通过建立三维模型来对能源的消耗情况进行分析，在对数据进行分析时，还可以根据当地气候的数据对模型进行调整，这样就会使建筑结构分析更精确，会最大限度地避免建筑结构重置的情况，在实际的施工中也可以减小工程变更问题的出现，因此可以较大程度地减少对能源的使用。通过 BIM 技术还可以实现对太阳辐射强度的分析，这样就可以有效地获取太阳能，并对太阳能最大限度地使用。太阳能为可再生能源，在绿色建筑中加大对太阳能的使用，就可以有效地降低对其他能源的使用率。

运营管理分析。建筑物对能源的消耗是极大的，能耗的问题是建筑业发展中所面临的严峻挑战之一，将 BIM 技术应用在建筑工程中，可以有效地降低项目工程设计、运行以及施工中对能源消耗的情况。BIM 技术不仅具有独特的状态监测功能，还可以在较短的时间内对建筑设备的运行状态进行了解，有效实现了对运营的实时监管和控制。通过对运营的监管，最大限度地减少能源消耗，从而使得绿色建筑设计的经济效益最大化。BIM 技术还具有紧急报警装置，如果在施工的过程中有意外情况发生，BIM 就会及时发出警报，使损失达到最小化。

室内环境分析。在绿色建筑中利用 BIM 技术来对数据进行分析，可以通过精确且有

效的计算数据来发现建筑物设计中的不足，这样不但可以有效提升建筑设计的水平，还可以最大限度地优化建筑物室内的环境（如通风、采光、取暖、降噪等）。BIM技术对室内环境的优化主要是通过对室内环境的各种数据进行分析之后得出真实情况的模拟，再通过BIM技术准确的数据支撑，使设计师在了解数据之后通过对门窗开启的时间、速度和程度等各种条件来改善通风的情况。因此，BIM技术的应用可以有效地对室内通风状况进行优化。

协调建筑与环境之间的关系问题。利用BIM技术可以对建筑物的墙体、采光、通风以及声音的问题等数据进行分析，在利用BIM技术对这类问题进行分析时，通常是利用建筑方所提供的设计说明书来对相应的光源、声音以及通风的情况进行设计，把这类数据输入BIM软件，便可以生成与其相关的数据报告，设计者再通过这些报告来对建筑物的设计进行改进，便可有效地协调建筑物和环境之间的问题。

我国科技不断发展，在促进社会进步的同时，也使BIM技术得到广泛的应用，为了满足社会发展的需求，我国的建筑业正在不断向着绿色建筑方向发展。要使绿色建筑设计发展取得良好的发展，就需要在绿色建筑设计中融入BIM技术，BIM技术对绿色建筑设计具有较好的辅助作用，不仅有利于提升设计方案的生态性，还可以有效地改善建筑工程建设中污染严重的情况。面对当前局势，必须加大对绿色建筑设计的推广力度，并且积极地利用现代技术来优化模拟设计方案，这样才可以推动建筑设计的生态性不断发展以及促进建筑业的可持续发展。

第四章　绿色建筑设计的技术支持

通过分析我国绿色建筑发展的情况，可以得知我国绿色建筑在推进过程中存在一系列问题。因此，我们理应对绿色建筑设计的技术进行系统的分析。通过了解这些技术，为绿色建筑设计提供更为具体的技术指导。

第一节　绿色建筑的节地与节水技术

《绿色建筑评价标准》中对绿色建筑的节地与节水技术进行了明确论述。对节地与节水技术的论述，有利于更好地保护环境与节约资源。

一、绿色建筑的节地技术

《绿色建筑评价标准》指出，节地技术主要关注的是场地安全、土地利用、交通设施与公共服务、场地设计与场地生态。由于本节是从技术的角度而言的，因此弱化了土地利用这一内容，而重点对场地安全、交通设施与公共服务等技术进行论述。

（一）土壤污染修复

根据相关规定，土壤修复是指采用物理、化学或生物的方法固定、转移、吸收、降解或转化场地土壤中的污染物，使其含量降低到可接受水平，或将有毒有害的污染物转化为无害物质的过程。土壤污染修复可按照以下流程进行操作。

1.场地环境调查。场地环境调查包括三个阶段。

2.场地风险评估。场地风险评估包括危害识别、暴露评估、毒性评估、风险表征以及土壤风险控制值计算。

3.场地修复目标值确定。场地修复的目标值详见前述"技术指标"中规定的土壤污染风险筛选指导值。

4.土壤修复方案编制。场地修复方案编制分为三个阶段：选择修复模式、筛选修复技术和制订修复方案。

5.实施土壤修复。依据制订的土壤修复方案实施土壤修复程序，并在修复后进行评估。

（二）交通设施设计

交通设施设计又称"交通组织"，是指为解决交通问题所采取的各种软措施的总和。其具体包括四点内容：一是城市道路系统、公交站点及轨道站点等的布局位置及服务覆盖范围；二是道路系统、公交站点及轨道站点等到场地入口之间的衔接方式，包括步行道路、人行天桥、地下通道等；三是场地出入口的位置、样式、方向等；四是场地出入口与建筑入口之间的交通形式布设及安排等。交通组织的技术设计的要点如下。

1. 公交站点设计

公交站点规划时宜根据相关规定标准合理设置公交站点形式及服务设施，已实现安全最大化、便利服务居民。

2. 场地对外交通设计

场地出入口在满足各标准、规范指标要求的同时，出入口设计应不影响城市道路系统，保障居民人身安全。场地应有两个及两个以上不同方向通向城市道路的出口，且至少有一面直接连接城市道路，以减少人员疏散时对城市正常交通的影响。

3. 自行车停车场设计

自行车是常用的交通工具，具有轻便、灵活和经济的特点，且数量庞大。自行车停车场指停放和储存自行车的场地。为满足民用建筑自行车停车需求，不同类建筑应结合自身的情况合理设置一定规模的自行车停车位，为绿色出行提供便利条件。

4. 立体停车场设计

立体停车场是指通过多层停车空间斜坡将汽车停放在立体化停车场，这种停车方式决定了车位应该置于主体建筑底部靠近地面的数层，因此此种停车方式也被称为"多层停车库"。

二、绿色建筑的节水技术

《绿色建筑评价标准》中节水与水资源利用主要关注给水排水系统节水、节水器具与设备、非传统水源利用三个方面。下面主要从绿色建筑节水技术的角度来阐述，重点介绍节水系统的技术内容。

（一）给水系统

建筑给水系统是将城镇给水管网或自备水源给水管网的水引入室内，选用适用、经济、合理的最佳供水方式，经配水管送至室内各种卫生器具、水龙头嘴、生产装置和消防设备，并满足用水点对水量、水压和水质要求的冷水供应系统。

室内给水方式指建筑内部给水系统的供水方式，一般根据建筑物的性质、高度、配水点的布置情况以及室内所需压力、室外管网水压和配水量等因素，通过综合评判法确定给水系统的布置形式。

给水方式的基本形式有：

1.依靠外网压力的给水方式：直接给水方式、设水箱的给水方式；

2.依靠水泵升压的给水方式：设水泵的给水方式、设水泵水箱的给水方式、气压给水方式、分区给水方式。

根据各分区之间的相互关系，高层建筑给水方式可分为水泵串联分区给水方式、水泵并联给水方式和减压分区给水方式。

（二）热水供应系统

热水供应系统按热水供应范围，可分为局部热水供应系统、集中热水供应系统和区域热水供应系统。

热水供应系统的组成因建筑类型和规模、热源情况、用水要求、加热和贮存设备的情况、建筑对美观和安静的要求等不同情况而异。典型的集中热水供应系统，主要由热媒系统（第一循环系统）、热水供水系统（第二循环系统）、附件三部分组成。热媒系统由热源、水加热器和热媒管网组成；热水供水系统由热水配水管网和回水管网组成；附件包括蒸汽、热水的控制附件及管道的连接附件，如温度自动调节器、疏水器、减压阀、安全阀、自动排气阀、膨胀罐、管道伸缩器、闸阀、水嘴等。

（三）超压出流控制

超压出流是指给水配件阀前压力大于流出水头，给水配件在单位时间内的出水量超过确定流量的现象。该流量与额定流量的差值，为超压出流量。

超压出流现象出现于各类型建筑的给水系统中，尤其是高层及超高层的民用建筑中。因此，给水系统设计时应采取措施控制超压出流现象，合理进行压力分区，并适当地采取减压措施，避免造成浪费。

目前常用的减压装置有减压阀、减压孔板、节流塞三种。

第二节　绿色建筑的节能与节材技术

在建筑物建造过程中，使用节能与节材技术，可以有效提高能量利用率，节省材料，是绿色建筑的重要方面。

一、绿色建筑的节能技术

（一）绿色建筑屋面节能技术

1. 倒置式保温屋面

倒置式屋面是将传统屋面构造中的保温层与防水层颠倒，把保温层放在防水层的上面，对防水层起到一个屏蔽和保护的作用，使之不受阳光和气候变化的影响，不易受到来自外界的机械损伤，是一种值得推广的保温屋面。

2. 蓄水屋面

蓄水屋面是指在屋面防水层上蓄一定高度的水，以起到隔热作用的屋面。其原理是在太阳辐射和室外气温的综合作用下，水能吸收大量的热而由液体蒸发为气体，从而将热量散发到空气中，减少了屋盖吸收的热能，起到隔热和降低屋面温度的作用。

（二）绿色建筑门窗节能技术

1. 控制窗墙面积比

通常窗户的传热热阻比墙体的传热热阻要小得多，因此，建筑的冷热耗量随窗墙面积比的增加而增加。作为建筑节能的一项措施其要求在满足采光通风的条件下确定适宜的窗墙比。因全国气候条件各不相同，窗墙比数值应按各地建筑规范予以计算。

2. 提高窗户的隔热性能

窗户的隔热就是要尽量阻止太阳辐射直接进入室内，减少对人体与室内的热辐射。提高外窗特别是东、西外窗的遮阳能力，是提高窗户隔热性能的重要措施。通过建筑措施，实现窗户的固定外遮阳，如增设外遮阳板、遮阳棚及适当增加南向阳台的挑出长度都能够起到一定的遮阳效果。而在窗户内侧设置如窗帘、百叶、热反射帘或自动卷帘等可调节的活动遮阳装置同样可以实现遮阳目的。

3. 提高门窗的气密性

在设计中应尽可能减少门窗洞口，加强门窗的密闭性。可在出入频繁的大门处设置门斗，并使门洞避开主导风向。当窗户的密封性能达不到节能标准要求时，应当采取适当的密封措施，如在缝隙处设置橡皮、毡片等制成的密封条或密封胶，提高窗户的气密性。

4. 选用适宜的窗型

门窗是实现和控制自然通风最重要的建筑构件。首先，门窗装置的方式对室内自然通风具有很大的影响。门窗的开启有挡风或导风作用，装置得当，则能增加室内空气通风效果。从通风的角度考虑，门窗的相对位置以贯通为好，尽量减少气流的迂回和阻力。其次，中悬窗、上悬窗、立转窗、百叶窗都可起调节气流方向的作用。

二、绿色建筑的节材技术

（一）绿色建筑用料节材技术

1. 采用高强建筑钢筋

我国城镇建筑主要是采用钢筋混凝土建造的，钢筋用量很大。一般来说，在相同承载力下，强度越高的钢筋，其在钢筋混凝土中的配筋率越小。相比于 HRB335 钢筋，以 HRB400 为代表的钢筋具有强度高韧性好和焊接性能优良等特点，应用于建筑结构中具有明显的技术经济性能优势。经测算，用 HRB400 钢筋代替 HRB335 钢筋，可节省 10%~14% 的钢材；用 HRB400 钢筋代换 q12 以下的小直径 HPB235 钢筋，则可节省 40% 以上的钢材。同时，使用 HRB400 钢筋还可改善钢筋混凝土结构的抗震性能。可见，HRB400 等高强钢筋的推广应用，可以明显节约钢材资源。

2. 采用强度更高的水泥及混凝土

我国城镇建筑主要是采用钢筋混凝土建造的，所以我国每年混凝土用量非常巨大。混凝土主要是用来承受荷载的，其强度越高，同样截面积承受的重量就越大；反过来说，承受相同的重量，强度越高的混凝土，它的横截面积就可以做得越小，即混凝土柱、梁等建筑构件可以做得越细。所以，建筑工程中采用强度高的混凝土可以节省混凝土材料。

3. 采用商品混凝土和商品砂浆

商品混凝土是指由水泥、砂石、水以及根据需要掺入的外加剂和掺合料等组分按一定比例在集中搅拌站（厂）经计量、拌制后，采用专用运输车、在规定时间内、以商品形式出售，并运送到使用地点的混凝土拌合物。我国目前商品混凝土用量仅占混凝土总量的 30% 左右。我国商品混凝土整体应用比例的低下，也导致大量自然资源浪费。因为相比于商品混凝土的生产方式，现场搅拌混凝土要多损耗水泥 10%~15%，多消耗砂石 5%~7%。商品混凝土的性能稳定性也比现场搅拌好得多，这对于保证混凝土工程的质量十分重要。商品砂浆是指由专业生产厂生产的砂浆拌合物。商品砂浆也称为预拌砂浆，包括湿拌砂浆和干混砂浆两大类。相比于现场搅拌砂浆，采用商品砂浆可明显减少砂浆用量。对于多层砌筑结构，若使用现场搅拌砂浆，则每平方米建筑面积需使用砌筑砂浆量为 0.20 m^3；而使用商品砂浆则仅需要 0.13 m^3，可节约 35% 的砂浆量。对于高层建筑，若使用现场搅拌砂浆，则每平方米建筑面积需使用抹灰砂浆量为 0.09 m^3；而使用商品砂浆则仅需要 0.038 m^3，可节约抹灰砂浆用量 58%。目前，我国的建筑工程量巨大，世界上几乎 50% 的水泥消耗在我国，但是我国商品砂浆年用量就显得很少。

4. 采用散装水泥

散装水泥是相对于传统的袋装水泥而言的，是指水泥从工厂生产出来之后不用任何小包装直接通过专用设备或容器从工厂运输到中转站或用户手中。多年来，我国一直是世界第一水泥生产大国，却是散装水泥使用小国。

5.采用专业化加工配送的商品钢筋

专业化加工配送的商品钢筋是指在工厂中把盘条或直条钢线材用专业机械设备制成钢筋网、钢筋笼等钢筋成品，直接销售到建筑工地，从而实现建筑钢筋加工的工厂化、标准化及建筑钢筋加工配送的商品化和专业化。由于能同时为多个工地配送商品钢筋，钢筋可进行综合套裁，废料率约为2%，而工地现场加工的钢筋废料率约为10%。现行混凝土结构建筑工程施工主要分为混凝土、钢筋和模板三个部分。商品混凝土配送和专业模板技术近几年发展的大很快，而钢筋加工部分发展得很慢，钢筋加工生产远远落后于另外两个部分。我国建筑用钢筋长期以来依靠人力进行加工，随着一些国产简单加工设备的出现，钢筋加工才变为半机械化加工方式，加工地点主要在施工工地。这种施工工地现场加工的传统方式，不仅劳动强度大，加工质量和进度难以保证，而且材料浪费严重，往往是大材小用、长材短用，加工成本高、安全隐患多，占地多、噪声大。所以，提高建筑用钢筋的工厂化加工程度，实现钢筋的商品化专业配送，是建筑行业的一个必然发展方向。

（二）绿色建筑结构节材技术

1.房屋的基本构件

每一栋独立的房屋都是由各种不同的构件有规律按序组成的，这些构件从其承受外力和所起作用上看，大体可以分成结构构件和非结构构件两种类别。

（1）结构构件。其起支撑作用的受力构件，如板、梁、墙、柱。这些受力构件的有序结合可以组成不同的结构受力体系，如框架、剪力墙等，用来承担各种不同的垂直、水平荷载以及产生各种作用。

（2）非结构构件。它是对房屋主体不起支撑作用的自承重构件，如轻隔墙、幕墙、吊顶、内装饰构件等。这些构件也可以自成体系和自承重，但一般条件下均视其为外荷载作用在主体结构上。

2.建筑结构的类型

（1）砌体结构

砌体结构的材料主要有砖砌块、石体砌块、陶粒砌块以及各种工业废料所制成的砌块等。建筑结构中所采用的砖一般指黏土砖。黏土砖以黏土为主要原料，经泥料处理、成型、干燥和焙烧而成。黏土砖按其生产工艺不同可分为机制砖和手工砖，按其构造不同又可分为实心砖、多孔砖、空心砖。砖块不能直接用于形成墙体或其他构件，必须将砖和砂浆砌筑成整体的砖砌体，才能形成墙体或其他结构。砖砌体是我国目前应用最广的一种建筑材料。

砌体结构的优点是：能够就地取材价格比较低廉、施工比较简便，在我国有着悠久的历史和经验。砌体结构的缺点是：结构强度比较低，自重大比较笨重，建造的建筑空间和高度都受到一定的限制。其中采用最多的黏土砖还要耗费大量的农田。

（2）钢筋混凝土结构

钢筋混凝土结构的材料主要有砂、石、水泥、钢材和各种添加剂。通常讲的"混凝土"一词，是指用水泥做胶凝材料，以砂、石子做骨料与水按一定比例混合，经搅拌、成型、养护而得的水泥混凝土，在混凝土中配置钢筋形成钢筋混凝土构件。钢筋混凝土结构的优点是：材料中主要成分可以就地取材，混合材料中级配合理，结构整体强度和延展性都比较高，其创造的建筑空间和高度都比较大，也比较灵活，造价适中，施工也比较简便，是当前我国建筑领域采用的主导建筑类型。钢筋混凝土结构的缺点是：结构自重相对砌体结构虽然有所改进，但还是相对偏大，结构自身的回收率也比较低。

（3）钢结构

钢结构的材料主要为各种性能和形状的钢材。钢结构的优点是：结构轻质高强，能够创造很大的建筑空间和高度，整体结构也有很高的强度和延伸性。在现有技术经济环境下，符合大规模工业化生产的需要，施工快捷方便，结构自身的回收率也很高，这种体系在世界和我国都是发展的方向。钢结构的缺点是：在当前条件下造价相对比较高，工业化施工水平也有比较高的要求，在大面积推广的道路上，还有一段路程要走。

（三）绿色建筑装修节材技术

我国普遍存在的商品房二次装修浪费了大量材料，有很多弊端。为此，应该大力发展一次装修到位。商品房装修一次到位是指房屋交钥匙前，所有功能空间的固定面全部铺装或粉刷完成，厨房和卫生间的基本设备全部安装完成。一次性装修到位不仅有助于节约，而且可减少污染和重复装修带来的扰邻纠纷，更重要的是有助于保持房屋寿命。一次性整体装修可选择菜单模式（也称模块化设计模式），由房地产开发商、装修公司、购房者商议，根据不同户型推出几种装修菜单供住户选择。考虑到住户个性需求，一些可以展示个性的地方，如厅的吊顶、玄关、影视墙等可以空着，由住户发挥。从国外以及国内部分商品房项目的实践看来，模块化设计是发展方向。业主只需从模块中选出中意的客厅、餐厅、卧室、厨房等模块，设计师即刻就能进行自由组合。然后综合色彩、材质、软装饰等环节，统一整体风格，降低设计成本。家庭装修以木工、油漆工为主，而将木工、油漆工的大部分项目在工厂做好，运到现场完成安装组合，这种做法目前在发达城市称为家庭装修工厂化。传统的家装模式分为以下两种。

1. 根据事先设计好的方案连同所需家具一同在现场进行施工，这样只能使家具与居室内其他细木工制品（如门套、暖气罩、踢脚等）配色成套。但这种手工操作的方式避免不了噪声、污染以及各种因质量和工期问题给消费者带来的烦恼，刺耳的铁锤、电锯声，满室飞舞的尘埃和锯末，不仅影响施工现场的环境，关键是一些材料（如大芯板、多层板等）和各种的油漆、黏结剂所散发出的刺鼻气味，直接影响消费者的身心健康，况且手工制作的木制品极易出现变形、油漆流迹、起鼓等质量问题。

2.很多消费者在经过简单的基础装修后，根据自己的感觉和设计师的建议到家具城购买家具，而采用这种方式购买的家具经常不能令人十分满意，会出现颜色不匹配、款式不协调、尺寸不合适等一系列问题，使家具与整个空间装饰风格不能形成有机统一，既破坏了装修的特点，又没起到家具应有的装饰作用。鉴于此，一些装饰公司通过不断地探索与实践，推出了"家具、装修一体化"装修方式，很受欢迎。"一体化"生产在环保方面令人放心，用户在装修完毕后可以马上入住，免去了因装修过程中所遗留、散发的化学物质对人体造成的损害。在时间方面，现场开工的同时，工厂进行同期生产（木工制品）。待现场的基础工程一完工，木制品就可以进入现场进行拼装，打破了传统的瓦工、木工、油漆工的施工顺序，大大节省了施工周期，为消费者装修节省了更多的时间和精力。

三、绿色建筑施工管理

（一）绿色施工管理概述

绿色施工是指在保证质量、安全等基本要求的前提下，通过科学管理和技术进步，最大限度地节约资源，减少对环境负面影响，实现"四节一环保"（节能、节材、节水、节地和环境保护）的建筑工程施工活动。绿色施工要求以资源的高效利用为核心，以环境保护优先为原则，追求高效、低耗、环保，统筹兼顾，实现经济、社会、环境综合效益最大化的施工模式。在工程项目的施工阶段推行绿色施工主要包括选择绿色施工方法、采取节约资源措施、预防和治理施工污染、回收与利用建筑废料四个方面的内容。

要实现绿色施工，实施和保证绿色施工管理尤为重要。绿色施工管理主要包括组织管理、规划管理、目标管理、实施管理、评价管理五大方面，以传统施工管理为基础，文明施工、安全管理为辅助，实现绿色施工目标为目的。在技术进步的同时，完善包含绿色施工思想的管理体系和方法，用科学的管理手段实现绿色施工。

1.绿色施工组织管理

（1）绿色施工管理体系

1）公司绿色施工管理体系

施工企业应该建立以总经理为第一责任人的绿色施工管理体系，一般由总工程师或副总经理作为绿色施工牵头人，负责协调人力资源管理部门、成本核算管理部门、工程科技管理部门、材料设备管理部门、市场经营管理部门等管理部室。

①人力资源管理部门：负责绿色施工相关人员的配置和岗位培训；负责监督项目部绿色施工相关培训计划的编制和落实以及效果反馈；负责组织国内和本地区绿色施工新政策、新制度在全公司范围内的宣传等。

②成本核算管理部门：负责绿色施工直接经济效益分析。

③工程科技管理部门：负责全公司范围内所有绿色施工创建项目在人员、机械、周转材料、垃圾处理等方面的统筹协调；负责监督项目部绿色施工各项措施的制定和实施；负责项目部相关数据收集的及时性、齐全性与正确性，并在全公司范围内及时进行横向对比后将结果反馈到项目部；负责组织实施公司一级的绿色施工专项检查；负责配合人力资源管理部门做好绿色施工相关政策制度的宣传并负责落实在项目部贯彻执行等。

④材料设备管理部门：负责建立公司《绿色建材数据库》和《绿色施工机械、机具数据库》并随时进行更新；负责监督项目部材料限额领料制度的制定和执行情况；负责监督项目部施工机械的维修、保养、年检等管理情况。

⑥市场经营管理部门：负责对绿色施工分包合同的评审，将绿色施工有关条款写入合同。

2）项目绿色施工管理体系

绿色施工创建项目必须建立专门的绿色施工管理体系。项目绿色施工管理体系不要求采用一套全新的组织结构形式，而是建立在传统的项目组织结构的基础上，要求融入绿色施工目标，并能够制定相应责任和管理目标以保证绿色施工开展的管理体系。

项目绿色施工管理体系要求在项目部成立绿色施工管理机构，作为总体协调项目建设过程中有关绿色施工事宜的机构。这个机构的成员由项目部相关管理人员组成，还可包含建设项目其他参与方，如建设方、监理方、设计方的人员。同时要求实施绿色施工管理的项目必须设置绿色施工专职管理员，要求各个部门任命相关的绿色施工联络员，负责本部门所涉及的与绿色施工相关的职能。

（2）绿色施工责任分配

1）公司绿色施工责任分配

①总经理为公司绿色施工第一责任人。

②总工程师或副总经理作为绿色施工牵头人负责绿色施工专项管理工作。

③以工程科技管理部门为主，其他各管理部室负责与其工作相关的绿色施工管理工作，并配合协助其他部室工作。

2）项目绿色施工责任分配

①项目经理为项目绿色施工第一责任人。

②项目技术负责人、分管副经理、财务总监以及建设项目参与各方代表等组成绿色施工管理机构。

③绿色施工管理机构开工前制订绿色施工规划，确定拟采用的绿色施工措施并进行管理任务分工。

④管理任务分工，其职能主要分为四个：决策、执行、参与和检查。一定要保证每项任务都有管理部门或个人负责决策、执行、参与和检查。

⑤项目主要绿色施工管理任务分工表制定完成后，每个执行部门负责填写《绿色施工

措施规划表》报绿色施工专职管理员。绿色施工专职管理员初审后报项目部绿色施工管理机构审定，作为项目正式指导文件下发到每一个相关部门和人员。

⑥在绿色施工实施过程中，绿色施工专职管理员应负责各项措施实施情况的协调和监控。同时在实施过程中，对于技术难点、重点，可以聘请相关专家作为顾问，保证实施顺利。

2. 绿色施工规划管理

（1）绿色施工图纸会审

绿色施工开工前应组织绿色施工图纸会审，也可在设计图纸会审中增加绿色施工部分。从绿色施工"四节一环保"的角度，结合工程实际，在不影响质量、安全、进度等基本要求的前是下对设计进行优化，并保留相关记录。

现阶段绿色施工处于发展阶段，工程的绿色施工图纸会审应该有公司一级管理技术人员参加，在充分了解工程基本情况后，结合建设地点、环境、条件等因素提出合理性设计变更申请，经相关各方同意会签后，由项目部具体实施。

（2）绿色施工总体规划

1）公司规划

在确定某工程要实施绿色施工管理后，公司应对其进行总体规划。规划内容包括：

①材料设备管理部门从《绿色建材数据库》中选择距工程500km范围内的绿色建材供应商数据供项目选择。从《绿色施工机械、机具数据库》中结合工程具体情况，提出机械设备选型。

②工程科技管理部门收集工程周边在建项目信息，对工程临时设施建设需要的周转材料、临时道路路基建设需要的碎石类建筑垃圾以及如有前期拆除工序而产生的建筑垃圾就近处理等提出合理化建议。

③根据工程特点，结合类似工程经验，对工程绿色施工目标设置提出合理化建议和要求。

④对绿色施工要求的执证人员、特种人员提出配置要求和建议；对工程绿色施工实施提出基本培训要求。

⑤在全公司范围内（有条件的公司可以在一定区域范围内），从绿色施工"四节一环保"的基本原则出发，统一协调资源、人员、机械设备等，以求达到资源消耗最少、人员搭配最合理、设备协同作业程度最高、最节能的目的。

2）项目规划

在进行绿色施工专项方案编制前，项目部应对以下因素进行调查并结合调查结果做出绿色施工总体规划。

①工程建设场地内原有建筑分布情况

A. 原有建筑需拆除：要考虑对拆除材料的再利用。

B. 原有建筑需保留，但施工时可以使用：结合工程情况合理利用。

C. 原有建筑需保留，施工时严禁使用并要求进行保护：要制定专门的保护措施。

②工程建设场地内原有树木情况

A. 需移栽到指定地点：安排有资质的队伍合理移栽。

B. 需就地保护：制定就地保护专门措施。

C. 需暂时移栽，竣工后移栽回现场：安排有资质的队伍合理移栽。

③工程建设场地周边地下管线及设施分布情况

制定相应的保护措施，并考虑施工时是否可以借用，以避免重复施工。

④竣工后规划道路的分布和设计情况

施工道路的设置尽量跟规划道路重合，并按规划道路路基设计进行施工，避免重复施工。

⑤竣工后地下管网的分布和设计情况

地下管网，特别是排水管网，建议一次性施工到位，施工中提前使用，避免重复施工。

⑥本工程是否同为创绿色建筑工程

如果是，考虑某些绿色建筑设施，如雨水回收系统等提前建造，施工中提前使用，避免重复施工。

⑦距施工现场 500km 范围内主要材料分布情况

虽然有公司提供的材料供应建议，但项目部仍需要根据工程预算材料清单，对主要材料的生产厂家进行摸底调查。距离太远的材料考虑运输能耗和损耗，在不影响工程质量、安全、进度、美观等前提下，可以提出设计变更建议。

⑧相邻建筑施工情况

施工现场周边是否有正在施工或即将施工的项目，从建筑垃圾处理、临时设施周转材料衔接、机械设备协同作业、临时或永久设施共用、土方临时堆场借用甚至临时绿化移栽等方面考虑是否可以合作。

⑨施工主要机械来源

根据公司提供的机械设备选型建议，结合工程现场周边环境，规划施工主要机械的来源，尽量减少运输能耗，以最高效使用为基本原则。

⑩其他

A. 设计中是否有某些构配件可以提前施工到位，在施工中运用，避免重复施工。

例如，高层建筑中消防主管提前施工并保护好，用作施工消防主管，避免重复施工；地下室消防水池在施工中用作回收水池，循环利用楼面回收水等。

B. 卸土场地或土方临时堆场：考虑运土时对运输路线环境的污染和运输能耗等，距离越近越好。

C. 回填土来源：考虑运土时对运输路线环境的污染和运输能耗等，在满足设计要求前提下，距离越近越好。

D. 建筑、生活垃圾处理：联系好回收和清理部门。

E. 构件、部品工厂化的条件：分析工程实际情况，判断是否可能采用工厂化加工的构件或部品调查现场附近钢筋、钢材集中加工成型，结构部品工厂化生产、装饰装修材料集中加工、部品生产的厂家条件。

（3）绿色施工专项方案

在进行充分调查后，项目部应对绿色施工制订总体规划，并根据规划内容编制绿色施工专项施工方案。

1）绿色施工专项方案主要内容

绿色施工专项方案是在工程施工组织设计的基础上，对绿色施工有关部分进行具体和细化，其主要内容应包括：

①绿色施工组织机构及任务分工。

②绿色施工的具体目标。

③绿色施工针对"四节一环保"的具体措施。

④绿色施工拟采用的"四新"技术措施。

⑤绿色施工的评价管理措施。

⑥工程主要机械、设备表。

⑦绿色施工设施购置（建造）计划清单。

⑧绿色施工具体人员组织安排。

⑨绿色施工社会经济环境效益分析。

⑩施工现场布置图等。

2）绿色施工专项方案审批要求

绿色施工专项方案要求严格按项目、公司两级审批。一般由绿色施工专职施工员进行编制，项目技术负责人审核后，报公司总工程师审批，只有审批手续完整的方案才能用于指导施工。

绿色施工专项方案有必要时，考虑组织进行专家论证。

3. 绿色施工目标管理

绿色施工必须实施目标管理。目标管理实际上属于绿色施工实施管理的一部分，但由于其重要性，因此将其单独成节，做详细介绍。

绿色施工的目标值应根据工程拟采用的各项措施，结合相关条款，在充分考虑施工现场周边环境和项目部以往施工经验的情况下确定。

目标值应该从粗到细分为不同层次，可以在总目标下规划若干分目标，也可以将一个一级目标拆分成若干二级目标，形式可以多样，数量可以多变。每个工程的目标值应该是一个科学的目标体系，而不仅是简单的几个数据。

绿色施工目标体系确定的原则是：因地制宜、结合实际、容易操作、科学合理。

因地制宜——目标值必须是结合工程所在地区实际情况制定的。

结合实际——目标值的设置必须充分考虑工程所在地的施工水平、施工实施方的实力和施工经验等。

容易操作——目标值必须清晰、具体，一目了然，在实施过程中，方便收集对应的实际数据与其对比。

科学合理——目标值应该是在保证质量、安全的基本要求下，针对"四节一环保"提出的合理目标，在"四节一环保"的某个方面相对传统施工方法有更高要求的指标。

项目实施过程中的绿色施工目标控制采用动态控制的原理。

动态控制的具体方法是在施工过程中对项目目标进行跟踪和控制。收集各个绿色施工控制要点的实测数据，定期将实测数据与目标值进行比较。当发现实施过程中的实际情况与计划目标发生偏离时，及时分析偏离原因，确定纠正措施，采取纠正行动。对纠正后仍无法满足的目标值，进行论证分析，及时修改，设立新的更适宜的目标值。

在工程建设项目实施中如此循环，直至目标实现为止。项目目标控制的纠偏措施主要有组织措施、管理措施、经济措施和技术措施等。

4. 绿色施工实施管理

绿色施工专项方案和目标值确定之后，进入项目的实施管理阶段，绿色施工应对整个过程实施动态管理，加强对施工策划、施工准备、现场施工、工程验收等各阶段的管理和监督。

绿色施工的实施管理其实质是对实施过程进行控制，以达到规划所要求的绿色施工目标。通俗地说就是为实现目的进行的一系列施工活动，作为绿色施工工程，在其实施过程中，主要强调以下几点：

（1）建立完善的制度体系

"没有规矩，不成方圆。"绿色施工在开工前制定了详细的专项方案，确立了具体的各项目标。在实施工程中，主要是采取一系列的措施和手段，确保按方案施工，最终满足目标要求。

（2）配备全套的管理表格

绿色施工应建立整套完善的制度体系，通过制度，既约束不绿色的行为又指定应该采取的绿色措施，而且，制度也是绿色施工得以贯彻实施的保障体系。

绿色施工的目标值大部分是量化指标，因此在实施过程中应该收集相应的数据，定期将实测数据与目标值进行比较，及时采取纠正措施或调整不合理目标值。

另外，施工管理是一个过程性活动，随着工程的竣工，很多施工措施将消失不见。为了考核绿色施工效果，见证绿色施工效益，及时发现存在的问题，要针对每一个绿色施工管理行为制定相应的管理表格，并在施工中监督填制。

（3）营造绿色施工氛围

目前，绿色施工理念还没有深入人心，很多人并没有完全接受绿色施工概念。绿色施工实施管理，首先应该纠正职工的思想，努力让每一个职工把节约资源和保护环境放到一个重要的位置上，让绿色施工成为一种自觉行为。要达到这个目的，结合工程项目特点，有针对性地对绿色施工做相应的宣传，通过宣传营造绿色施工的氛围非常重要。

绿色施工要求在现场施工标牌中增加环境保护的内容，在施工现场醒目位置设置环境保护标识。

（4）增强职工绿色施工意识

施工企业应重视企业内部的自身建设，使管理水平不断提高，不断趋于科学合理；加强企业管理人员的培训，提高他们的素质和环境意识。具体应做到：

1）加强管理人员的学习，然后由管理人员对操作层人员进行培训，增强员工的整体绿色意识，增加员工对绿色施工的承担与参与。

2）在施工阶段，定期对操作人员进行宣传教育，如黑板报和绿色施工宣传小册子等。要求操作人员严格按已制定的绿色施工措施进行操作，鼓励操作人员节约水电、节约材料、注重机械设备的保养、注意施工现场的清洁，文明施工，不制造人为污染。

（5）借助信息化技术

绿色施工实施管理可以把信息化技术作为协助实施手段，目前施工企业信息化建设越来越完善，已建立了进度控制、质量控制、材料消耗、成本管理等信息化模块。在企业信息化平台上开发绿色施工管理模块，对项目绿色施工实施情况进行监督、控制和评价等工作能起到积极的辅助作用。

5. 绿色施工评价管理

绿色施工管理体系中应该有自己评价体系。根据编制的绿色施工专项方案，结合工程特点，对绿色施工的效果及采用的新技术、新设备、新材料和新工艺，进行自我评价。自评价分项目自评价和公司自评价两级，分阶段对绿色施工实施效果进行综合评价，根据评价结果对方案、措施以及技术进行改进、优化。

（1）绿色施工项目自评价

项目自评价由项目部组织，分阶段对绿色施工各个措施进行评价，自评价办法可以参照相关规定进行。

绿色施工自评价一般分三个阶段进行，即地基与基础工程、结构工程、装饰装修与机电安装工程阶段。原则上每个阶段不少于一次自评，且每个月不少于一次自评。

绿色施工自评价分四个层次进行：绿色施工要素评价、绿色施工批次评价、绿色施工阶段评价和绿色施工单位工程评价。

1）绿色施工要素评价

绿色施工的要素按"四节一环保"分五大部分，绿色施工要素评价就是按这五大部分分别制表进行评价。

2）绿色施工批次评价

将同一时间进行的绿色施工要素评价进行加权统计，得出单次评价的总分。

3）绿色施工阶段评价

将同一施工阶段内进行的绿色施工批次评价进行统计，得出该施工阶段的平均分。

4）单位工程绿色施工评价

将所有施工阶段的评价得分进行加权统计，得出本工程绿色施工评价的最后得分。

（2）绿色施工公司自评价

在项目实施绿色施工管理过程中，公司应对其进行评价。评价由专门的专家评估小组进行，原则上每个施工阶段至少都应该进行一次公司评价。

每次公司评价后，应该及时与项目自评价结果进行对比。差别较大的工程应重新组织专家评价，找出差距原因，制定相关措施。

绿色施工评价是推广绿色施工工作中的重要一环，只有真实、准确、及时地对绿色施工进行评价，才能了解绿色施工的状况和水平，发现其中存在的问题和薄弱环节，并在此基础上进行持续改进，使绿色施工的技术和管理手段更加完善。

（二）绿色建筑施工管理的内涵

进行建筑绿色施工管理时，一定要遵循一定的管理原则，做好建筑节能设计的管理、做好节能材料的管理、做好建筑绿色施工的管理。设计中要考虑建筑的面积、建筑的朝向、建筑的平面结构设计、太阳的照射情况、当地的风向情况、外部空间和环境的变化情况等。施工中注重对材料的节约，使用先进的节能技术，加强现场用水用电的管理，强化对污染、噪声的管理，达到绿色施工的管理目的，有效降低建筑能源的消耗。

一个工程项目从立项、规划、设计、施工、竣工验收和资料归档管理，整个流程、环环相扣，每个环节都很重要。其中，施工是将设计意图转换为实际的过程。其施工过程中的任何一道工序均有可能对整个工程的质量产生致命的缺陷，因此施工管理也是绿色建筑非常重要的管理环节。

绿色施工管理可以定义为通过切实有效的管理制度和工作制度，最大限度地减少施工管理活动对环境的不利影响，减少资源与能源的消耗，实现可持续发展的施工管理技术。绿色施工管理是可持续发展思想在工程施工管理中的应用体现，是绿色施工管理技术的综合应用。绿色施工管理技术并不是独立于传统施工管理技术的全新技术，而是用"可持续"的眼光对传统施工管理技术的重新审视，是符合可持续发展战略的施工管理技术。

绿色施工管理主要包括组织管理、规划管理、实施管理、评价管理和人员安全与健康管理五个方面。

1. 组织管理是绿色施工管理的基础

组织管理就是通过建立绿色施工管理体系，制定系统完整的管理制度和绿色施工整体目标，将绿色施工的工作内容具体分解到管理体系结构中，使参建各方在项目负责人的组织协调下各司其职地参与到绿色施工过程中，使绿色施工规范化、标准化。由于项目经理是绿色施工第一负责人，所以承担着绿色施工的组织实施和设计目标实现的责任。施工过程中，项目经理的工作内容就成了组织管理的核心。

2. 规划管理是绿色施工管理的保障

规划管理主要是指编制执行总体方案和独立成章的绿色施工方案，实质是对实施过程进行控制，以达到设计所要求的绿色施工目标。

3. 实施管理是绿色施工管理的核心

实施管理是指绿色施工方案确定之后，在项目的实施管理阶段，对绿色施工方案实施过程进行策划和控制，以达到绿色施工目标。

4. 评价管理是绿色施工管理的完善

绿色施工管理体系中应建立评价体系。根据绿色施工方案，对绿色施工效果进行评价。评价应由专家评价小组执行，制定评级指标等级和评分标准，分阶段对绿色施工方案、实施过程进行综合评估，判定绿色施工管理效果。根据评价结果对方案、施工技术和管理措施进行改进、优化。常用的评价方法有成分分析、模糊综合评价方法、数据包络分析法、人工神经网络评价法、灰色综合评价法等。

5. 人员安全与健康管理是绿色施工管理的关键

贯彻执行 ISO14000 和 OHSAS18000 管理体系，制定施工防尘、防毒、防辐射等措施，保障施工人员的长期职业健康。合理布置施工场地，保护生活及办公区不受施工活动的有害影响。提供卫生、健康的工作与生活环境，加强对施工人员的住宿、膳食、饮用水等生活与环境卫生管理，改善施工人员的生活条件。施工现场建立卫生急救、保健防疫制度，并编制突发事件预案，设置警告提示标志牌、现场布置图和安全生产、消防保卫、环境保护文明施工制度板、公示突发事件应急处置流程图等。

随着社会经济的增长，人们对生活环境的要求越来越高，促进了绿色建筑工程的发展。建筑工程施工中必须加强绿色管理，以达到理想的施工目标。绿色施工管理中涉及的内容较多，比如对原材料质量检查、对建筑材料生产与建筑构配件加工进行管理、对现场施工进行管理、对建筑物进行后期的运行维护等。除此之外，还要做好技术方面的管理，如提高建筑技术、节约建筑能耗问题、提高建筑的维护结构、对屋面和墙体应用保温隔热技术、使用节能门窗和遮阳节能技术等。在建筑施工中，大量运用了太阳能、地热能和风能，对建筑垃圾进行分类处理。在建筑设计中，工程师要对项目进行初步的评估。评估内容有采光、照明和环境，有针对性地提出建设性意见，协助设计部门完成建筑方案设计。在建筑施工中加强管理，利用完善的管理制度，对现场施工进行细致化的管理，将绿色施工的工作内容具体分解到管理体系结构中去，使参建各方在项目负责人的组织协调下各司其职地参与到绿色施工过程中，使绿色施工规范化、标准化。

（三）绿色建筑施工案例

1. 工程概况

核电宣教中心（核电科技馆）建筑安装工程施工项目坐落于海盐县城的西南面，距县城约 3 公里，靠近秦山大道和核电大道的交叉口。基地北侧为城市主干道核电大道，东侧为秦山大道。

工程建设单位为秦山核电，核电联营，秦山第三核电有限公司。设计单位为深圳市天华建筑设计有限公司，监理单位为北京四达贝克斯工程监理有限公司，建设单位为中国核工业二四建设有限公司。

本工程东西方向长度 80.46m，南北方向长度 80.66m，为地下一层、地上三层、局部四层。地下一层层高 4.0m，首层层高 7.0m，二层、三层层高 6.5m，四层层高 3.65m。结构最高高度 24.70m，建筑最高高度 30.0m，工程 ±0.000 相当于绝对标高 3.550m。

2. 绿色施工定义

绿色施工是指工程建设中，在保证质量、安全等基本要求的前提下，通过科学管理和技术进步，最大限度地节约资源与减少对环境负面影响的施工活动，实现四节—环保（节能、节地、节水、节材和环境保护）。

（1）绿色施工方案的原则

最大限度地保护环境和减少污染，防止扰民，节约资源（节能、节地、节水、节材）。在确保工期的前提下，贯彻以环保优先为原则，以资源的高效利用为核心的指导思想，追求环保、高效、低耗，统筹兼顾，实现环保（生态）、经济、社会综合效益最大化的绿色施工模式。

（2）绿色施工方案的意义

施工企业建立绿色施工管理。实施绿色施工是贯彻落实科学发展观的具体体现；是建设可持续发展的重大战略性工作；是建设节约型社会、发展循环经济的必然要求；是实现节能减排目标的重要环节，对造福子孙后代具有长远的重要意义。

3. 绿色施工目标

（1）环境保护目标

1）扬尘控制目标：

基础施工阶段，扬尘目测指标 ≤1.5m；主体、装饰装修及安装阶段，扬尘目测指标 ≤0.5m；工地沙土 100% 覆盖；工地路面 100% 硬化；出工地车辆 100% 冲洗车轮；拆除作业 100% 洒水降尘；暂不开发处绿化及砂石覆盖率 100%。

2）噪声控制目标：严格依照国家标准的规定，对施工现场的噪声进行管理监控。使用低噪声、低振动的机具，采用隔音与隔振措施，避免或减少施工噪声和振动。白天控制在 70dB 以内，夜间控制在 55dB 以内。

3）污水控制目标：施工现场应针对不同的污水，设置相应的处理设施，污水排放检测 PH 酸碱度在 6~9 之间。对于化学品等有毒材料、油料的储存地，应有严格的防漏水措施，做好渗漏液收集处理。

4）光污染控制目标：尽量避免或减少施工过程中的光污染。夜间室外照明灯加设灯罩，透光方向集中在施工范围。电焊作业采取遮挡措施，避免电焊弧外泄，达到国家标准。

4）建筑垃圾控制目标：建筑垃圾产生量不大于 750t，再利用率和回收率达到 50%。有毒有害废弃物分类回收率达到 100%。

（2）节地目标

1）根据施工规模及现场条件等因素合理确定临时设施（临时加工厂、现场作业棚及材料堆场、办公区及设施等）的占地指标。临时设施的占地面积应按用地指标所需的最低面积设计。

2）平面布置合理、紧凑，在满足环境、职业健康与安全及文明施工要求的前提下尽可能减少废弃地和死角。

3）节能目标。机械设备完好率达到 100%，采用节能照明灯具的数量达到 100% 以上，节电率大于 4.5%，万元产值目标用油小于 9L/ 万元。

4）节水目标

单位用水量小于 3.32m/ 万元产值，节水设备（设施）配制率 100%。一般非市政水利用量占总用水量大于 50%，节水器具配置达到 100%。

5）节材目标

钢材损耗率 ≤2%；商品混凝土节约率 ≥1.5%；加气块节约率 ≥1.5%。模板平均周转次数为不少于 6 次，临时设施及安全设施可重复使用率达到 85%。

4. 绿色施工组织机构

（1）公司绿色施工组织体系职责

1）公司绿色施工指导小组职责

认真学习国家及地方上关于绿色施工的文件，按照最新文件精神及时下发本企业关于贯彻最新绿色施工文件的通知；建立健全项目绿色施工组织体系，明确各部门及架构组成人员职责；制定绿色施工示范工程目标值，审定绿色施工方案，抓好绿色施工的宣传教育及申报衔接工作；对项目的绿色施工全过程进行跟踪、指导，注重现场管理、数据监控的检查、督导工作，确保各环节达标；审定绿色施工总结报告，参加企业绿色施工的检查与评审工作。

2）公司绿色施工课题研究小组职责

科技研发部主要职责：组织成立绿色施工课题研究小组，促进项目对十项新技术的理解和应用，同时对新技术、新方案的落实进行指导。根据国家、地方标准、规范及企业与项目的要求，组织相关人员对施工过程中的工艺流程进行优化，以达到节能降耗的目的。根据绿色施工领导小组的指导思想和项目绿色施工目标，组织相关人员编制绿色施工方案，包括各专项施工方案及应急预案，经公司（或区域公司）总工审批或专家论证后由项目上组织实施。组织相关人员对项目的绿色施工方案实施情况特别是对新技术、新材料、新设备、新工艺的推广应用进行跟踪检查并形成记录。进行绿色施工总结，将现场收集数据与绿色施工计划数据进行分析对比，建立本企业绿色施工经验数据库。

3）公司安全运营部主要职责

指导编制绿色施工方案，参与绿色施工方案会审；组织项目绿色施工规划或专项方案交底，审核现场技术交底内容，保证施工方案落地的准确性；协助培训部门进行绿色施工方案培训，提升小组及作业人员的技术应用及数据收集能力；协助绿色施工资料填报，指导收集技术数据；指定人员参加绿色施工检查、评比与评审工作。

4）物资部职责

协助编制绿色施工方案，参与绿色施工方案会审。执行国家有关安全的法律法规，实施地方安全规定，落实企业安全要求，特别是可视化标准在绿色施工方案中的实施。

协助培训部门进行绿色施工方案培训，加强小组及作业人员有效利用给水系统、排水系统、排污系统、消防系统、空调系统、照明系统、电力系统、弱电系统在绿色施工中的应用理念，提升各系统的数据收集能力，同时能够进一步提高安全意识。

组织人员全过程跟踪绿色施工的实施情况，注重各系统正常准确运行，将文明施工、标化工地、安全教育有效地与绿色施工相结合，发现问题及时提出整改建议并督查整改；协助系统运行资料的收集；指定人员参加绿色施工的检查、评比与评审。

5）开发经营部职责

参与绿色施工目标值制定工作，提供绿色施工计划数据与表单；协助培训部门进行绿色施工方案中材料采购、数据收集与整理分析、表单填报等培训，提升小组及作业人员对材料消耗、数据对比的认知；全过程跟踪项目材料采购范围、项目材料周转、工程废料的利用等情况，协助各种数据的收集；对收集数据进行分析，与计划数据进行对比，为绿色施工总结提供资料；指定人员参加绿色施工的检查、评比与评审。

6）综合办公室职责

按照绿色施工方案要求安装信息系统；按照公司要求实施视频监控系统及其他系统设备的管理并形成记录；对信息化办公平台及项目管理软件进行维护；有效保存现场截图及其他影像资料。

7）人力资源部职责

按照公司绿色施工指导小组及项目需求制订绿色施工培训计划；组织绿色施工培训、观摩等活动；做好培训、观摩、会审等的协助工作。

（2）项目部绿色施工小组职责

1）绿色施工小组组长（项目经理）职责

项目经理为绿色施工目标达成的第一责任人，对所承包项目的绿色施工全面负责。建立绿色施工项目管理小组，贯彻公司绿色施工小组关于绿色施工管理的精神，细化目标值并制定绿色施工管理责任制；组织编制并审核上报公司指导小组绿色施工方案及紧急预案；组织绿色施工的教育培训，增强小组及现场施工人员的绿色施工意识；组织对施工现场绿色施工的自检、考核和评比、评审工作；保证绿色施工专项费用的实施。

2）绿色施工专职负责人职责

按照细化的绿色施工目标值指定目标负责人并跟踪实施；组织人员按照审定的绿色施工方案付诸实施并跟踪检查形成记录；带领小组成员进行"四节一环保"数据汇总，协助技术中心进行数据分析；定期或分段总结现场绿色施工情况并及时上报项目经理。

3）绿色施工的一般规定

定期组织绿色施工教育培训，增强施工人员绿色施工意识。定期对施工现场绿色施工实施情况进行检查，做好检查记录。项目部由安全部门组织对进入施工现场的所有自有员工、工程承包单位的领导及所有施工人员进行绿色施工知识及有关规定、标准、文件和其他要求的培训并进行考核。特别注重对环境影响大（如产生强噪声、产生扬尘、产生污水、固体废弃物等）的岗位操作人员的培训，以保证这些操作人员具有相应的环保意识和工作能力。

在施工现场的办公区应设置明显的有节水、节能、节约材料等具体内容的警示标识，并按规定设置安全警示标志。

分包单位应服从总包单位的绿色施工管理，并对所承包工程的绿色施工负责。总包与进入施工现场的各工程承包方签订的合同中应包含绿色施工有关条款要求。

管理人员及施工人员除按绿色规程组织和进行绿色施工外，还应遵守相应的法律、法规、规范、标准以及地方的相关文件等。

5. 资源节约

（1）节地与土地资源利用

现场总平面布置做到科学合理、紧凑，在满足安全文明施工要求的前提下尽可能减少废弃地和死角。

1）施工现场的临时设施建设禁止使用黏土砖。

2）土方开挖施工采取先进的技术措施，减少土方的开挖量，最大限度地减少对土地的扰动。

3）按照相关要求在一定的场地范围内进行施工。

4）制定现场交通措施，现场道路按照永久道路和临时道路相结合的原则布置，尽量减少道路占地面积。

5）混凝土浇筑均采用商品混凝土。

6）现场办公区搭设两层装配式活动板房，减少了土地占用面积，从而使土地得到充分利用。

7）基坑阶段土地使用规划。

8）主体结构阶段土地使用规划。

9）装修阶段土地使用规划。

保护用地

1）场地四周围墙采用 1.8m 的废旧砂加气砌块砌筑，场地内开挖一条主排水沟进行排水，并设置沉淀池等；同时做好场地内的临时绿化工作，减少水土流失。

2）本工程土方回填所使用的土全部为开挖用土。

3）对遭到破坏的植被在施工完后应及时恢复，并采取相应保护措施。

4）优化深基坑施工方案，减少土方开挖和回填量，保护用地，降低成本。

5）在生态脆弱地区施工完成后，及时进行地貌复原，并做好相应保护工作，保护环境。

（2）节能与能源资源利用

1）优先使用国家、行业推荐的节能、高效、环保的施工设备和机具。

2）规定合理的温、湿度标准和使用时间，提高空调和采暖装置的运行效率。

3）期间应关闭门窗，室外照明宜采用高强度气体放电灯。

4）施工现场机械设备管理应满足下列要求：

施工机械设备应建立按时保养、保修、检验制度。施工机械宜选用高效节能电动机，对塔吊、施工电梯、办公场所等主要耗能施工设备、部位应定期记录单独挂表。合理安排工序，提高各种机械的使用率和满载率。

实行用电计量管理，严格控制施工阶段的用电量。必须装设电表，办公区与施工区应分别计量。用电电源处应设置明显的节约用电标识，同时施工现场应建立照明运行维护和管理制度，及时收集用电资料，建立用电节电统计台账，提高节电率。施工现场分别设定生产、办公和施工设备的用电控制指标，定期进行计量、核算、对比分析，并有预防与纠正措施。

充分利用太阳能，减少用电量。规定仓库区、办公区围墙通道和防护通道照明采用太阳能灯具。利用太阳光照射在太阳能电池板上产生电能并储存，日照一天可以使用 8~12 小时。所有灯具为防水灯具，拆、装方便，无须敷设电线；控制简单，为带光控开关，天亮自动熄灭，天暗自动点亮。

建立施工机械设备管理制度，开展用电、用油计量，完善设备档案，及时做好维修保养工作，使机械设备保持低耗、高效的状态。选择功率与负载相匹配的施工机械设备，避免大功率施工机械设备低负载长时间运行。机电安装可采用节电型机械设备，如逆变式电焊机和能耗低、效率高的手持电动工具等，以利节电。机械设备宜使用节能型油料添加剂，在可能的情况下，考虑回收利用，节约油量。

（3）节水与水资源利用

1）实行用水计量管理，严格控制施工阶段的用水量。施工用水必须装设水表，办公区与施工区分别计量。及时收集施工现场的用水资料，建立用水节水统计台账，并进行分析、对比，提高节水率。

2）施工现场生产、生活用水使用节水型生活用水器具，在水源处设置明显的节约用水标识。卫生间采用节水型水龙头、低水量冲洗便器或缓闭冲洗阀等。

3）施工工艺采取节水措施。混凝土养护采用覆盖保水养护，独立柱混凝土采用包裹塑料布养护，墙体采用混凝土养护剂或喷水养护，节约施工用水。

4）本工程主体结构将采用雨水收集回收利用及临时消防合用系统。利用地面雨水在自然重力作用下汇集到工地现场环状雨水沟至三级沉淀池，经沉淀池前端设置的过滤网进行初级过滤沉淀处理。然后雨水经初级沉淀后，通过 DN100 管道引至消防水池，其储水容积为 486 立方米，再经过消毒、吸附、净化等处理，得到比较干净清澈的雨水。由水泵房变频泵通过加压后，分别向室内和室外两回路消防管网供水。室内回路由两根 DN100 立管分两路供至楼层消火栓箱，在每层消火栓箱处均设置有临时施工用水点为楼层消防立管供给楼层消防、施工养护、喷雾降尘管网用水；室外回路为沿施工现场临时围墙安装，室外环网设置 7 个消火栓箱，在每个消火栓箱旁边设置一个供室外施工用的水点，室外消防环网供给消防、绿化、道路清洗、现场降尘、厕所冲洗、车辆冲洗用水。为防止旱季雨水过少导致临时用水供应不足，将室外环网与市政给水管相连，雨水充足时关闭市政管网与环网连接管的阀门，由地下室消防水池收集的雨水供应临时用水，当雨水供应不足时打开市政给水管阀门供应施工现场临时用水。

（4）节材与材料资源利用

1）选用绿色材料，积极推广新材料、新工艺，促进材料的合理使用，节省实际施工材料消耗量。

2）施工现场实行限额领料，统计分析实际施工材料消耗量与预算材料的消耗量，有针对性地制定并实施关键点控制措施，提高节材率；钢筋损耗率不宜高于预算量的 2.5%，混凝土实际使用量不宜高于图纸预算量。

3）根据施工进度、材料周转时间、库存情况等制订采购计划，并合理计划采购数量。避免采购过多，造成积压或浪费。

4）施工现场应建立可回收再利用物资清单，制定并实施可回收废料的回收管理办法。

5）材料运输工具适宜，装卸方法得当，防止损坏。根据现场平面布置情况就近卸载，避免和减少二次搬运。

6）贴面类材料在施工前，应进行总体排版策划，减少非整块材的数量。

7）防水卷材、壁纸、油漆及各类涂料基层必须符合要求，避免起皮、脱落。各类油漆及黏结剂应随用随开启，不用时及时封闭。

8）对周转材料应进行保养维护，维护其质量状态，延长其使用寿命。按照材料存放要求进行材料装卸和临时保管，避免因现场存放条件不合理而导致浪费。

9）优先选用制作、安装、拆除一体化的专业队伍进行模板工程施工。模板应以节约自然资源为原则。

10）在非传统水源和现场循环再利用水的使用过程中，应制定有效的水质检测与卫生保障措施，确保避免对人体健康、工程质量以及周围环境产生不良影响。

项目部针对节材将采取下列几项措施：

①利用废旧模板制作灭火器箱 40 个，用于现场消防布置。

②现场栓柱墙护角均应采用废旧模板制作。

③消防器材展示柜使用废旧模板制作。

④茶水亭顶棚及文化墙装裱、安全通道围挡均应使用废旧模板制作。

⑤利用废旧模板制作安全讲评台背景框及楼层平面布置展示台。

⑥利用废旧模板制作绿化围栏。

⑦设计采用可折叠式电箱防护棚，减少资源浪费使得资源重复利用。一个项目部结束后拆卸打包送往下一个项目部，减少下一个项目部购买或制作电箱防护棚的费用。可折叠式电箱防护棚不仅便于安装、拆卸还利于运输，从而减少其所占空间又便于保存。

⑧所有楼梯扶手采用定型化装配，采用一个 DN50×DN40 的异径弯头和 2 个 DN50的短丝连接，既美观又节材还可重复利用，从而为后期施工节省人工耗时。

⑨采用木方拼接技术，提高木方回收利用率。

⑩办公室打印用纸均要求采用双面打印，并设置废纸回收箱进行回收利用。

工程钢筋连接，直径 20mm 以上均采用直螺纹连接，减少钢筋搭接浪费。另外，设置钢筋废料回收池，专人定期对废料进行分类整理，对可利用钢材进行二次加工制作现场钢筋绑扎使用的马凳、墙柱及二结构导墙定位钢筋等。

工程混凝土采用商品混凝土，混凝土养护采取薄膜包裹覆盖等技术手段，杜绝无措施浇水养护。对余料进行收集并回收到现场专门设置的余料收集斗中，利用余料制作现场使用的混凝土垫块和预制构件，预制构件采用余料制作时应明确余料的强度标号后经技术施工人员同意方能使用。利用砼余料进行场地硬化，在施工过程中，如果当初余料较多，根据施工现场平面布置场地硬化要求，利用余料进行场地硬化。砼施工完毕，人员离场后应及时关闭施工照明，杜绝用电浪费。

6. 环境保护

（1）扬尘污染控制

1）施工现场主要道路应根据用途进行硬化处理，一般采用 C20 细石混凝土硬化 20cm 厚。裸露的场地采用绿化、铺碎石。

2）从事土方、渣土的运输必须使用密闭式运输车辆，现场出入口处设置冲洗车辆设施。出场时必须将车辆清理干净，不得将泥沙带出现场。

3）施工现场易飞扬细颗粒散体材料，如水泥，应密闭存放。

4）遇有四级以上大风天气，不得进行土方回填、转运以及其他可能产生扬尘污染的施工。

5）施工现场材料存放区、加工区及大模板存放场地应平整坚实（C20 混凝土地面）。

6）建筑拆除工程施工时应采取有效的降尘措施。

7）施工现场进行机械剔凿作业时，作业面局部应遮挡、掩盖或采取水淋等降尘措施。无齿锯砂轮切割时前方放置挡尘板聚集粉尘，防止扩散。

8）施工现场应建立封闭式池。建筑物内施工垃圾的清运，必须采用相应容器或管道运输，严禁凌空抛掷。

9）办公区垃圾箱要求：施工现场可统一购买垃圾桶，垃圾箱每三个为一组。施工现场办公区设置一组，垃圾箱由专人负责管理每天清运。垃圾箱上粘贴可回收、不可回收标志，进行分类回收处理。

10）洒水设施。依据现场场地情况适量配置洒水车。现场在外架、绿化用地中设置喷雾式出水阀，定时定人进行洒水降尘。

11）各施工阶段要求。土方施工阶段：

①各单位要与承包土方运输的单位提出环保要求，要求其遵守法律法规及其他要求。

②出入施工现场的车辆必须在现场出入口处冲洗车轮以防车轮带泥土上路。

③基础开挖时土方要及时清运，四级风以上不得进行土方作业。现场需存土时，应采取喷洒固化剂或种植植物等方法。

结构施工阶段：

①施工现场要制定清扫、洒水制度，配备设备，指定专人负责。

②施工垃圾在分拣后要日产日清。

③水泥、外加剂、白灰和其他易飞扬细颗粒材料必须入库存放。临时在库外存放时应进行牢固的遮盖。现场存放的松散材料必须加以严密遮盖。运输和装卸细颗粒材料时应轻拿轻放并盖严密，防止遗撒、扬尘。

④木工加工房内的锯末随时装袋存放防止扬尘，钢筋加工的铁屑及时清理。

⑤回填土施工时，掺拌白灰时禁止抛洒，避免产生扬尘。及时清扫散落在地面上的回填土。

⑥清除建筑物内施工垃圾时必须采用袋装或容器吊运，严禁利用电梯井或从楼内向地面抛洒施工垃圾。

⑦施工现场的材料存放区、大模板存放区等场地必须平整坚实。

⑧使用预拌混凝土、禁止现场搅拌砂浆。

⑨针对扬尘项目部将实施以下措施：

A. 喷雾降尘措施

喷雾降尘系统的原理为将收集的雨水，通过管道及相关设备沿建筑物四周形成约 6 米宽雾化带，并与空气中尘埃迅速接触，形成一种潮湿雾状体，加速尘埃降沉，抑制楼层内尘埃扩散到室外，并对四周场地湿润，起到降尘作用，减少环境污染，有效控制灰尘的产生与扩散。系统造价低，运行维护成本低、经济实用，控制系统可实现无人自动控制。系统主要包括喷头、管道、阀门及变频泵等。喷雾主管采用管径为 DN32 的 PVC 管，沿建筑物四周将其固定在外脚手架大横杆上（高度约 25 米处）。DNI5 雾化喷头设置间距为 7~8 米，在建筑外脚手架外围形成喷雾降尘环网。环网与 DN100 消防立管相连，构成喷雾降尘系统。系统水源由位于地下室雨水收集系统的变频泵供给（压力约 0.5~0.6MPa）。

B. 绿化灌溉措施

绿化喷水系统采用摇臂喷头，该摇臂喷头具有换向机构，可 360 度或任意角度扇形（角度可调）喷洒；喷水流量为 1.3~1.8m/ 小时，副喷头弥补近处水量分布；接口尺寸为 3/4 英寸、工作压力为 4KG，射程为 10~15 米。绿化喷水系统分为南、北两段。南段施工流程：从南段室外消防环网上安装一个 DN32 的 PVC 阀门作为喷水系统主控制阀门，引至离围墙 7 米位置处，平行于围墙敷设一条 DN32 的 PVC 给水管作为喷水系统主管。PVC 主管埋地敷设，中间间隔 12 米设置一个 DN32×DN20 三通作为喷头安装接口。摇臂喷头安装高度为 30cm，丝扣连接，供给 12 个喷头。北段施工流程：从北段室外消防环网上安装一个 DN32 的 PVC 阀门作为喷水系统主控制阀门，引至离围墙 5.5 米位置处的绿化带内，平行于围墙敷设一条 DN32 的 PVC 给水管作为喷水系统主管。北段绿化带分为 2 个区域，2 个区域内 PVC 管敷设在排水沟内，其他部位的 PVC 主管埋地敷设，中间间隔 12 米设置一个 DN32×DN20 三通作为喷头安装接口，摇臂喷头安装高度为 30cm，丝扣连接，共计 6 个喷头。其不仅为现场绿化提供必要水分，还能防止临时道路尘土飞扬。绿化喷水措施系统流程。

装修阶段：

①装修工程每道工序完成后要及时清理现场，垃圾装袋清运。工程全部完工清理房间前应洒水后进行清扫。

②脚手架在拆除前，必须先将水平网内、脚手板上的垃圾清理干净，避免扬尘。

③对抹灰工程、涂料工程的基层处理、打磨工序等采取淋水降尘，饰面板（砖）、轻质隔墙等切割应采取封闭措施，避免造成扬尘。

④根据施工面积的大小成立 4 人的洒水小组。

12）扬尘监测方法

测点的确定。沿现场围墙及扬尘重点部位设置。

测量方法：

①采用目测的方法。

②测量的次数：每月 1 次。

13）扬尘控制限值

①土方作业阶段：作业区目测扬尘高度小于 1.5 米。

②结构、安装、装修阶段：作业区目测扬尘高度小于 0.5 米。

（2）有害气体排放控制

1）施工现场严禁焚烧各类废弃物。

2）施工车辆、机械设备等应定期维护保养，使其保持良好的运行状态。采取有效措施减少车辆尾气中有害物质成分的含量（如选用清洁燃油、代用燃料或安装尾气净化装置和高效燃料添加剂）。施工车辆、机械设备的尾气排放应符合国家和地方规定的排放标准。

3）装饰装修材料应选择经过法定检测单位检测合格的建筑材料，并应按照相关规定要求，进行有害物质评定检验。

4）根据规定民用建筑工程室内装修严禁采用沥青、煤焦油类防腐、防潮处理剂。

5）点焊烟气的排放应符合现行国家标准的规定。

（3）水土污染控制

1）施工现场搅拌机前台、混凝土输送泵及运输车辆清洗处应当设置沉淀池。废水不得直接排入市政污水管网，经二次沉淀后可循环使用或用于洒水降尘。

2）施工现场存放的油料和化学溶剂等物品应设有专门的库房，地面应做防渗漏处理。废弃的油料和化学溶剂应集中处理，不得随意倾倒。

3）施工现场设置的临时厕所化粪池应做抗渗处理。

4）盥洗室、淋浴间的下水管线应设置过滤网，并应与市政污水管线连接，保证排水畅通。

（4）噪声污染控制

一般噪声源：

1）土方阶段：挖掘机、装载机、推土机、运输车辆、破碎钻等。

2）结构阶段：地泵、汽车泵、振捣器、混凝土罐车、空压机、支拆模板与修理、支拆脚手架、钢筋加工、电刨、电锯、人为喊叫、哨工吹哨、搅拌机、钢结构工程安装、水电加工等。

3）装修阶段：拆除脚手架、石材切割机、砂浆搅拌机、空压机、电锯、电刨、电钻、磨光机等。

施工时间应安排在 6：00~22：00 进行，因生产工艺上要求必须连续施工或特殊需要夜间施工的，必须在施工前到工程所在地的区、县建设行政主管部门提出申请。经批准后，并在环保部门备案后方可施工。项目部要协助建设单位做好周边居民工作。

施工场地的强噪声设备宜设置在远离居民区的一侧。尽量选用环保型低噪声振捣器，振捣器使用完毕后及时清理与保养。振捣混凝土时禁止接触模板与钢筋，并做到快插慢拔，应配备相应人员控制电源线的开关，防止振捣器空转。

人为噪声的控制措施：

①提倡文明施工，加强人为噪声的管理，进行进场培训，减少人为的大声喧哗，增强全体施工生产人员防噪扰民的自觉意识。

②合理安排施工生产时间，使产生噪声大的工序尽量在白天进行。

③清理维修模板时禁止猛烈敲打。

④脚手架支拆、搬运、修理等必须轻拿轻放，上下左右有人传递，减少人为噪声。

⑤夜间施工时尽量采用隔音布、低噪声振捣棒等方法最大限度地减少施工噪声；材料运输车辆进入现场严禁鸣笛，装卸材料必须轻拿轻放。

⑥流动混凝土泵必须用隔音布等材料进行临时封闭。

⑦强噪声机械设备用房

要求：施工现场凡产生强噪声的机械设备（电锯、大型空压机）必须封闭使用。电锯房门窗要做降噪封闭。

⑧噪声监测方法

测点的确定：

A. 主要以离现场边界最近对其影响最大的敏感区域为主要测点方位，并应在测量记录表中画出测点示意图。

B. 当噪声敏感区离现场边界的距离在 50 米之内时，应沿现场边界每 50 米设一测点，当距离在 50~100 米时，应沿现场边界每 70 米设一测点；大于 100 米时将现场边界线离敏感区最近点设为测点。

⑨测量条件

测量仪器：噪声监控仪。

气象条件：应选在无风、无雨的天气进行。当风力为 3 级，测量时要加防风罩；风力为 5 级时，停止测量。

测量时间：8：00~12：00；14：00~18：00；

测量施工条件：以产生噪声大的生产工序为主。机械噪声、混凝土振捣、模板的支拆与清理等。

⑩测量方法

测量时仪器应距地面 1.2 米，距围墙 1 米。测量的次数：每周一次。

声级计使用要求

公司所属项目部应配备声级计，并由专人保管使用。声级计为强检器具，必须进行周期检测，检测报告由计量员留存。

（5）光污染的控制

1）夜间施工，要合理布置现场照明，应合理调整灯光照射方向。照明灯必须有定型灯罩，能有效控制灯光方向和范围，并尽量选用节能型灯具。在保证施工现场施工作业面有足够光照的条件下，减少对周围居民生活的干扰。

2）在进行电焊作业时应采取遮挡措施，避免电弧光外泄。从预热开始就搭设完成遮光棚，高处焊接时遮光棚封闭严密。控制灯罩角度，使光线照射范围在工地内。

（6）施工固体废弃物控制

1）主要废弃物清单

①施工现场危险固体废弃物（包括废化工材料及其包装物、电焊条、废玻璃丝布、废铝箔纸、夹芯板废料、工业棉布、油手套、含油棉纱棉布、油漆刷、废沥青路面、废旧测温计等）；

②清洗工具废渣、机械维修保养液废渣；

③办公区废复写纸、复印机废墨盒、打印机废墨盒、废硒鼓、废色带、废电池、废磁盘、废计算机、废日光灯管、废涂改液。

2）一般固体废物（可回收、不可回收）

①可回收

办公垃圾：废报纸、废纸张、废包装箱、木箱。

建筑垃圾：废金属、包装箱、空材料桶、碎玻璃、钢筋头、焊条头。

②不可回收

施工垃圾：瓦砾、混凝土、砼试块、废石膏制品、沉淀物生活垃圾、食物加工废料。

3）固体废弃物应分类堆放，并有明显的标识（如有毒有害、可回收、不可回收等）。

4）危险固体废弃物必须分类收集，封闭存放。积攒一定数量后，由各单位委托当地有资质的环卫部门统一处理并留存委托书。

5）对油漆、稀料、胶、脱模剂、油等包装物可由厂家回收的尽量由厂家收回。

6）对打印机墨盒、复印机墨盒、硒鼓、色带、电池、涂改液等办公用品应实现以旧换新，以便于废弃物的回收，并尽可能由厂家回收处理，应建立保持回收处置记录。

7）可回收再利用的一般废弃物必须分类收集，并交给废品回收单位。能重复使用的尽量重复使用（如双面使用废旧纸张、钢筋头再利用等）。对钻头、刀片、焊条头等一些五金工具应实现以旧换新，同时保留回收记录。

8）加强建筑垃圾的回收利用，对于碎石、土方类建筑垃圾可采用地基填埋、铺路等方式提高再利用率。施工垃圾按指定地点堆放，不得露天存放。应及时收集、清理，采用袋装、灰斗或其他容器集中后进行运输，严禁从建筑物上向地面直接抛洒垃圾。生活垃圾应及时清理，垃圾清运过程中，易产生扬尘的垃圾，应先适量洒水后再清运。

9）固体废弃物清运单位必须有准运证，并让其提供废弃物收购、接纳单位资质证明和经营许可证。

（7）地下设施、文物和资源保护

1）施工前应调查清楚地下各种设施，做好保护计划，保证施工场地周边的各类管道、管线、建筑物、构筑物的安全运行。

2）施工过程中一旦发现文物，应立即停止施工，保护现场并通报文物部门并协助做好工作。

3）避让、保护施工场区及周边的古树名木。

第三节　绿色建筑的室内外环境技术

随着对舒适、自然、环保观念的认识不断加深，人们越来越关注建筑与周围环境的关系。通过分析建筑室外环境，保护环境、利用环境，合理调节与处理建筑室外物理（声、光、热）、化学（污染物）、生物（动物、植物、微生物）环境，使局部环境朝着有利于人体舒适健康的方向转化，提高建筑室内环境的质量。本节对绿色建筑的室内外环境技术进行分析。

一、绿色建筑的室内环境技术

（一）室内声环境

随着城市化进程的进一步加快，噪声已成为现代化生活中不可避免的副产品。建筑声环境质量保障的主要措施是对振动和噪声的控制，以创造一个良好的室内外声环境。

1. 环境噪声的控制

制订噪声控制方案的基本步骤具体如下：首先，对噪声现状进行调查，以确定噪声的声压级，同时了解噪声产生的原因及周围的环境情况。其次，结合噪声现状与相关的噪声允许标准，确定所需降低的噪声声压级数值。最后，结合具体的需要和可能，采取综合的降噪措施。

2. 建筑群及建筑单体噪声的控制

（1）优化总体规划设计

在规划及设计中采用缓和交通噪声的设计和技术方法，首先从声源入手，标本兼治，主要治本。在居住区的外围不可避免地会有交通，可以通过控制车流量来减少交通噪声。

对于居住区的建设，在确定其用地前应从声环境的角度论证其可行性。要把噪声控制作为居住区建设项目可行性研究的一个方面，列为必要的基建程序。

在住宅建成后，环境噪声是否达到标准，应作为验收的一个项目。组团一般以小区主干道为分界线，组团内道路一般不通行机动车，须从技术上处理区内的人车分流，同时加强交通管理。

（2）临街布置对噪声不敏感的建筑

临街配置对噪声不敏感的建筑作为"屏障"，可以降低噪声对其后居住区的影响。对噪声不敏感的建筑物是指本身无防噪要求的建筑物（如商业建筑），以及虽有防噪要求但外围护结构有较好的防噪能力的建筑物（如有空调设备的宾馆）。结合噪声的传播特点，在设计居住区时，将对噪声限制要求不高的公共建筑布置在临街靠近噪声源的一侧，对区内的住宅能起到较好的隔声效果。

（3）在住宅平面设计与构造设计中提高防噪能力

如果缓和噪声措施未能达到规范所规定的噪声标准，这时用住宅围护阻隔的方法减弱噪声是一种行之有效的方法。在建筑设计前，应对建筑物防噪间距、朝向选择及平面布置等进行综合考虑。在防噪的平面设计中优先保证卧室安宁，即沿街单元式住宅，力求将主要卧室布置在背向街道一侧，住宅靠街的那一面布置住宅中的辅助用房，如楼梯间、储藏室、厨房、浴室等。若上述条件难以满足，可利用临街的公共走廊或阳台，采取隔声减噪处理措施。

（4）建筑内部的隔声

建筑内部的噪声主要是通过墙体传声和楼板传声传播的，可以借助提高建筑物内部构件（墙体和楼板）的隔声能力来解决。

（二）室内光环境

充足的天然采光有利于降低人工照明能耗，降低生活成本，同时还有利于居住者的生理和心理健康。采光中需要注意很多问题，主要涉及以下方面：

1. 采光的数量

在室内光环境设计时，能否取得适宜数量的太阳光需要精确的估算。采光系数指的是在全阴天空下，太阳光在室内给定平面上某点产生的照度与同一时间、同一地点和同样的太阳光状态下在室外无遮挡水平面上产生的照度之比，太阳光在室内给定平面上某点产生的照度会直接影响室内采光。照度由三部分光产生，即天空漫射光、通过周围建筑或遮挡物的太阳反射光和光线通过窗户经室内各个表面反射落在给定平面上的光。这三部分的光都可以用简单的图表进行计算。我国根据视觉作业不同，分成5个采光等级，并辅以相应的采光系数。每个等级又规定了不同功能或类型的建筑采用不同采光方式时的采光系数。目前，我国的极大部分的建筑采光方式为侧面采光、顶部采光和两者均有的混合采光。窗地面积比是窗洞口面积与地面面积之比。在特定的采光条件下，建筑师可以用不同采光形式的窗地面积比对建筑设计的采光系数进行初步估算。

2. 采光的质量

采光的质量是健康光环境重要的基本条件。采光的质量包括采光均匀度和窗眩光的控制。采光均匀度是假定工作面上的最小采光系数和平均采光系数之比。我国建筑采光标准只规定顶部采光均匀度不小于0.7，对侧面采光不做规定，因为侧面采光取的采光系数为最小值。如果通过最小值来估算采光均匀度，一般情况下均能超过有些国家规定的侧面采光均匀度不小于0.3的要求。采光引起的眩光主要来自太阳的直射眩光和从抛光表面来的反射眩光。窗的眩光是影响健康光环境的主要眩光源。目前，对采光引起的眩光还没有一种有效的限定指标。但是，对于健康的室内光环境，避免人的视野中出现强烈的亮度对比产生的眩光，可遵守一些常用的原则，即被视的目标（物体）和相邻表面的亮度比应不小于1：3，而这一目标与远表面的亮度比不小于现代采光材料的使用，如玻璃幕墙、棱镜玻璃、特殊镀膜玻璃等对改善采光质量有一定作用，有时因光反射引起的光污染也是非常严重。尤其在商业中心和居住区，处在路边的玻璃幕墙上的太阳映象经反射会在道路上或行人中形成强烈的眩光刺激。要克服这种眩光，可以通过简单的几何作图来实现。

3. 采光形式

目前，采光形式主要有侧面采光、顶部采光和两者均有的混合采光。随着城市建筑密度不断增加，高层建筑越来越多，相互挡光比较严重，直接影响采光量。很多办公建筑和公共图书馆靠白天开灯来弥补采光不足，造成供电紧张。在建筑设计时，有时选用天井或采光井或反光镜装置等内墙采光方式，补充外墙采光的不足，同时要避免太阳的直射光和耀眼的光斑。

（三）室内热湿环境

所谓建筑热湿环境，指的是室内空气温度、相对湿度、空气流速及围护结构辐射温度等因素综合作用形成的室内环境，是建筑环境中最主要的内容。绿色建筑的热湿环境保障技术主要包括两种：主动式保障技术和被动式保障技术。

1. 主动式保障技术

所谓主动式环境保障，就是依靠机械和电气等设施，创造一种扬自然环境之长、避自然环境之短的室内环境。

（1）冷却塔供冷系统。冷却塔供冷系统是指在室外空气湿球温度较低时，利用流经冷却塔的循环水直接或间接地向空调系统供冷，而无须开启冷冻机来提供建筑物所需要的冷量，从而节约冷水机组的能耗，达到节能的目的。冷却塔供冷是近年来国外发展较快的节能技术。

（2）结合冰蓄冷的低温送风系统。蓄冷低温送风系统目前已在空调设计中有所应用。

作为蓄冷系统，它虽然对用户起不到节能的作用，但能平衡市区用电负荷，提高发电效率，对环境负荷的降低也是很有利的。

（3）去湿空调系统。去湿空调的原理很简单，室外新风先经过去湿转轮，由其中的固体去湿剂进行去湿处理，然后经过第二个转轮（热回收转轮），与室内排风进行全热或显热交换，回收排风能量。经过去湿降温的新风再与回风混合，经表冷器处理（此时表冷器处理基本上已是干冷过）后送入室内。

2. 被动式保障技术

所谓被动式环境保障，就是利用建筑自身和天然能源来保障室内环境品质，用被动式措施控制室内热湿及生态环境，主要是做好太阳辐射和自然通风工作。

（1）控制太阳辐射。控制太阳辐射所采取的具体措施包括：选用节能玻璃窗；采用能将可见光引进建筑物内区，而同时又能遮挡对周边区直射日射的遮檐；采用通风窗技术，将空调回风引入双层窗夹层空间带走由日射引起的中间层百叶温度升高的对流热量；利用建筑物中庭，将昼光引入建筑物内区；利用光导纤维将光能引入内区，而将热能摒弃在室外；设建筑外遮阳板，也可将外遮阳板与太阳能电池（光伏电池）相结合，降低空调负荷，为室内照明提供补充能源。

（2）利用有组织的自然通风。自然通风远不是开窗那么简单，尤其是在建筑密集的大城市中，利用自然通风要很好地分析其不利条件，应该因时、因地制宜，要权衡得失、趋利避害。在实施自然通风时应采取如下步骤：

第一，了解建筑物所在地的气候特点、主导风向和环境状况。

第二，根据建筑物功能以及通风的目的，确定所需要的通风量。

第三，设计合理的气流通道，确定入口形式（窗和门的尺寸以及开启关闭方式）、内部流道形式（中庭、走廊或室内开放空间）、排风口形式（中庭顶窗开闭方式、气楼开口面积、排风烟囱形式和尺寸等）。

第四，必要时可考虑采用自然通风结合机械通风的混合通风方式，考虑设置自然通风通道的自动控制和调节装置等设施。

（四）室内空气质量

室内空气质量是一系列因素，如室外空气质量、建筑围护结构的设计、通风系统的设计、系统的操作和维护措施、污染源及其散发强度等作用下的结果。减少室内污染物可以采取如下措施：

1. 通风换气

预防室内环境污染，首先应尽可能改善通风条件，减轻空气污染的程度，开窗通风能使室内污染物浓度显著降低。不通风是指关闭门、窗 12h；通风指开门、窗通风时间为 2h。

2. 选择合格的建筑材料和家具

要使室内污染从根本上得到消除，必须消除污染源。除了开发商在建造房屋时要选择合格的材料外，住户在装修房子时也要选用环保材料，找正规的装修公司装修。

3. 室内盆栽

绿色植物对居室的空气具有很好的净化作用。家具和装修所产生的 VOC 有害物质吸附和分解速度慢，作用时间长。为创造一个良好的室内环境，可以在室内摆放盆栽花木，有些绿色植物是清除装修污染的"清道夫"，如芦荟、吊兰、常春藤、无花果、月季、仙人掌等。

二、绿色建筑的室外环境技术

（一）室外热环境

热环境是指影响人体冷热感觉的环境因素，主要包括空气温度和湿度。热环境在建筑中分为室内热环境和室外热环境，这里主要介绍室外热环境。在建筑组团的规划中，除满足基本功能外，良好的建筑室外热环境的创造也必须予以考虑。建筑室外热环境是建造绿色建筑的非常重要的条件。

（二）室外热环境规划设计

根据生态气候地方主义理论，建筑设计应该遵循气候—舒适—技术—建筑的过程。

1. 调研设计地段的各种气候地理数据，如温度、湿度、日照强度、风向风力、周边建筑布局、周边绿地水体分布等构成对地块环境影响的气候地理要素。

2. 评价各种气候地理要素对区域环境的影响。

3. 采用技术手段解决气候地理要素与区域环境要求的矛盾。

4. 结合特定的地段，区分各种气候要素的重要程度，采取相应的技术手段进行建筑设计，寻求最佳设计方案。

（三）室外热环境设计技术措施

1. 室外热环境设计技术措施

（1）地面铺装。地面铺装的种类很多，按照其自身的透水性能分为透水铺装和不透水铺装。这里以不透水铺装中的水泥、沥青为例做介绍。水泥、沥青地面具有不透水性，因此没有潜热蒸发的降温效果。其吸收的太阳辐射一部分通过导热与地下进行热交换，另一部分以对流形式释放到空气中，其他部分与大气进行长波辐射交换。研究表明，其吸收的太阳辐射能需要通过一定的时间延迟才释放到空气中。同时由于沥青路面的太阳辐射吸收系数更高，因此温度更高。

（2）绿化。绿地是塑造宜居室外环境的有效途径，同时对热环境影响很大。绿化植被和水体具有降低气温、调节湿度、遮阳防晒、改善通风质量的作用。绿化水体还可以净化水质，减弱水面热反射，从而使热环境得到改善。

2. 遮阳构件

室外遮阳形式主要包括人工构件遮阳、绿化遮阳、建筑遮阳。

下面主要介绍人工遮阳构件：

（1）遮阳伞、张拉膜、玻璃纤维织物等。遮阳伞是现代城市公共空间中最常见最方便的遮阳措施。很多商家在举行室外活动时，往往利用巨大的遮阳伞来遮挡夏季强烈的阳光。

（2）百叶遮阳。百叶遮阳主要有下面的优点：百叶遮阳通风效果较好，可以降低其表面温度，改善环境舒适度；通过合理设计百叶角的角度，利用冬、夏太阳高度角的区别获得更合理利用太阳能的效果；百叶遮阳光影富有变化，韵律感很强，可以创造出丰富的光影效果。

第五章 现代建筑外部空间设计与群体组合

合理的外部空间组合，不仅有利于建筑内部空间处理，而且也可以从群体关系的角度解决采光、通风、朝向、交通等方面的功能问题。并且合理的外部空间组合，能够有机地处理个体与群体、空间与体型、绿化与小品之间的关系，从而使建筑空间与自然环境相互衬托，并与周围的建筑共同组合成为一个统一的有机整体，既可增加建筑本身的美感，又可达到丰富城市空间的目的。本章主要对建筑外部空间设计与外部空间组合、建筑外部空间处理与环境质量、建筑外部场地与建筑小品设计进行分析与阐述。

第一节 建筑外部空间设计与外部空间组合

一、建筑外部空间设计

（一）建筑外部空间设计的内容

建筑群外部空间设计的内容主要包括以下几个方面：

1. 确定建筑物的位置和形状

根据建筑环境（地形的宽窄、大小、起伏变化、周围建筑物的布局和建筑外观、城市道路的布局、自然环境保护等）的特定条件和建筑群各部分的使用性质、规模等进行功能分区，恰当地、紧凑地选定建筑物的位置，并确定建筑物的形状，选择合适的群体组合方式。

2. 布置道路网

根据建筑群的位置、城市道路的布局以及车流、人流的安全畅通，合理布置建筑群内部的道路网络，确定主次通道和出入口，处理好建筑群内部道路与城市道路之间的衔接关系。

3. 布置建筑小品与绿化

为了改善环境气候和环境质量，根据建筑群的性质和外部空间气氛特点的要求，合理布置绿化（不同的树种、树型、花卉、草坪等）和设置建筑小品（亭、廊、花窗景门、坐凳、庭院灯、小桥流水、喷泉、雕塑等），这是建筑群外部空间设计不可缺少的艺术加工的部分。

4. 竖向设计

根据建筑群所处地段的地形变化、各建筑物的使用要求及相互间的联系，综合考虑土石方工程量、市政工程设施、经济等因素，确定各建筑物的室内设计标高和室外各部分的设计标高，创造一个既统一完整又有丰富变化的群体外部空间。

5. 保证建筑群的环境质量

根据各建筑物的使用性质，在确定建筑物位置和形状的同时还应当使各建筑物具有良好的朝向、合理的自照间距、自然通风以及安全防护条件，以保证建筑群具有良好的环境质量。

6. 考虑消防要求

在考虑日照、通风间距的同时，应根据各幢建筑物的使用性质，按防火规范的要求，保证一定的防火间距，并设置必要的消防通道，确保防火安全。

7. 考虑群体空间的艺术效果

在满足功能、技术要求的前提下，运用各种形式美的规律，按照一定的设计意图，充分考虑建筑群的性格特征，创造出完整统一的群体空间，以满足人们的审美要求。

（二）建筑外部空间设计的技术准备工作

1. 收集基本资料

1）建设地段及近邻的现状情况

建设地段及近邻的现状情况是外部空间设计和群体组合时放在首位的一项基础资料。要了解这些资料，首先要掌握一定比例的地形图，然后进行实地踏勘，了解它们之间的相互关系，以便合理地利用或者采取相应的改造措施。

2）城镇规划意图

在进行外部空间设计和群体组合之前，应当掌握建设地段在城镇总体规划中的地位和作用，以及近期发展情况，了解规划对建设地段建筑规模、高度以及群体的艺术效果等方面的要求。

3）市政设施的现状情况

市政设施主要指城市给排水、供热、供气、供电、通信、交通、人防等。各种市政设施都会不同程度地影响建筑群内部的布局和各种管线的布置以及道路网组织。因此，在进行外部空间设计和群体组合之前，必须对各种市政设施情况有一个清楚的了解。

除以上几方面基础资料以外，日照、地方特点以及民俗习惯、文化等方面也对建筑群的设计有直接影响。总之，基础资料的收集是一项极为重要的工作，有了足够充分的基础资料，才能保证外部空间设计和群体组合的顺利进行。

2.分析设计资料

（1）建设地段的地形分析

为了合理利用地形，充分发挥土地的使用效率，节省工程建设费用，对建设地段的自然地形进行必要的分析是很有价值的。对自然地形的分析，是根据自然地形的特点，划分出不同性质特征的地区范围，以便在建筑群体布局时，根据建筑物的使用特点，正确选择各自相应的地段。

分析建设地段的地形，并标注在地形图上，从而形成用地分析图，主要从以下几个方面进行：

1）根据自然地形特点，用不同的线型划出不同地面坡度的地区范围。如平坦的建设地段可分为 2% 以下、2%~5%、5%~8%、8% 以上几级，山地丘陵地段可分为 3% 以下、3%~10%、10%~25%、25%~50%、50%~100%、100% 以上几级。

2）根据自然地形找出分水线、汇水线和地面水流方向。

3）须进一步研究使用方式和采取改造措施的特殊地段，如冲沟、滑坡、沼泽、漫滩等地，应单独划分范围。

（2）建设地段房屋现状分析

依据地形图（1/500 为最佳）协同各有关部门与单位，对用地范围的所有现存建筑进行调查与分析，查明建筑面积、建筑层数、结构用材及建筑质量等级。确定不允许拆除的建筑、改造利用的建筑、保留的建筑、可拆除建筑等几个类型，可采取图示的方式标注在地形图上，以便在总平面设计时做到充分利用现有基础，可不拆的就不拆，可利用的就利用；对不拆除的永久性建筑的风格、色彩等须在总体设计中同新建筑统一协调。

（3）建设地段道路系统现状分析

根据地形图结合实际踏勘，查明各种类型道路的路面质量，核实各类路面宽度与断面形式及其坡度情况，可用图示标注在地形图上，构成道路系统现状分析图。该图对总体设计中决定道路的保留、改造和废弃有参考价值。

此外，在现场踏勘时还应调查人流和货流的方向、流量大小以及高峰时间。同时应进一步分析人流状况的心理，例如上班上学的人流在时间上集中、心理紧张，要求速度快、行走路线短捷，而那些游览的人流则在心情上是轻松的，行走的速度是较缓慢的。这些因素同样影响到道路的布局和道路的景观设计。

二、建筑外部空间组合

（一）自由式空间组合

自由式空间组合不受对称性控制，可以根据建筑的功能要求和地形条件机动地组合建筑。这种组合形式灵活性大，适应性广，但要防止杂乱无章。自由式空间组合，也可称为不对称式的空间组合。

自由式空间组合的特点，主要包括以下 3 个方面：

（1）建筑群体中的各建筑物的格局，随各种条件的不同，可自由、灵活地布局。

（2）根据功能要求布置各栋建筑，其位置、形状、朝向的选择比对称式布局灵活、随意；并可利用柱廊、花墙、敞廊等将各建筑物连接起来，形成丰富多变的建筑空间。

（3）各建筑物顺应地形的曲直、弯转而立，随着环境的变异而融于大自然的怀抱，形成灵活多变、巧妙利用自然风貌的和谐的建筑空间。

由于上述一些特点，这种自由式空间组合在各种民用建筑群体组合中被大量采用，并获得了良好的效果。

塘沽车站位于天津市远郊，与塘沽新港接邻。市郊旅客和国际宾客较多，站前广场用地狭窄且不规则，因此该群体设计采用了圆形候车大厅与庭院相结合的不对称的空间布局，使城市干道与站前广场斜交，并将候车大厅的入口对着城市干道的轴线，使来往的人流在临近广场的干道上就可以看到车站的主体建筑全貌，做到广场建筑体型与广场总体布局相适应，并形成了别具一格的建筑空间。

（二）对称式空间组合

对称式空间组合通常以建筑群体中的主要建筑的中心为轴线，或以连续几栋建筑的中心为轴线，两翼对称或基本对称布置次要建筑，对道路、绿化、建筑小品等采取均衡的布置方式，形成对称式的群体空间组合；还有一种方式是两侧仍均匀对称地布置建筑群，中央利用道路、绿化、喷泉、建筑小品等形成中轴线，从而形成较开阔的空间组合。

对称式空间组合具有以下几方面的特点：

（1）建筑群中的建筑物彼此间不存在严格的功能制约关系，在其位置、体型、朝向等在不影响使用功能的前提下，可根据群体空间的组合要求进行布置。

（2）对称式空间组合容易形成庄严、肃穆、井然的气氛，同时也具有均衡、统一、协调的效果，对党政机关等类型建筑群较为适应。

（3）对称式空间组合不仅是对建筑群而言，同时道路、绿化、旗杆、灯柱以及建筑小品等也对称或基本对称布置，起到加强建筑群外部空间对称性的作用。

（4）对称式布局所形成的空间形式，有可能是封闭式，也有可能是开敞式或者其他形式，这主要根据建筑群的性质、数量、规模以及基地情况进行布置。

北京天安门广场的空间组合是采取对称式布局的典型实例。第一，这里是祖国首都的中心，是富有历史意义和政治意义的地方，一些规模宏大的游行检阅会选择在这里举行；第二，这里是我国人民革命胜利的象征，并显示出祖国建设的辉煌成就及社会主义无限广阔的前程。因此，天安门广场的空间组合表现出雄伟、壮丽、庄严和开阔的空间效果。

（三）庭院式空间组合

庭院式空间组合是由数栋建筑围合成一座院落或层层院落的空间组合形式，它能适应地形的起伏以及弯曲湖水的隔挡，又能满足各栋建筑功能要求，是既有一定隔离又有一定联系的空间组合。这种组合多借助廊道、踏步、空花墙等小品形成多个庭院，更有利于与自然景色、不同环境互相渗透、互相陪衬，从而形成别具一格的群体空间组合。

对于建筑规模比较大而平面关系既要求适当展开又要求联系紧凑的建筑群，由于分散布置或大分散小集中布置都不能满足功能和建筑空间艺术的要求，为了解决建筑群要求的特殊性与地形变化之间的矛盾，采取内外空间相融合的层层院落的布置方式是比较成功的。若干院落可以保证建筑群内部各部分之间的相对独立性，而院落的层层相连又保证了建筑群内部紧密的联系。院落可大可小，基底位置可高可低，层叠的院落可左可右，从而充分利用大小台地，使建筑的基底同变化的地形做到充分吻合。这种布置形式不仅能够满足功能要求和工程技术经济要求，而且变化的空间艺术构图也能增加建筑艺术的感染力。

韶山毛泽东旧居纪念馆建筑在距离毛泽东旧居 600m 左右的引凤山下，建筑地段自东南向西北倾斜，面向道路，背依群山；建筑物掩映于山林之间，与旧居周围自然朴实的环境相协调，充分保持了韶山原有的风貌。空间组合采取内庭单廊形式。建筑结合地形，利用坡地组成高低错落、形式与大小各不相同的内庭。

（四）综合式空间组合

对一些功能要求比较复杂的建筑群，或因其他特殊要求，或因地段条件的差异，用上述单一的组合方式不能恰当地解决问题时，往往采用两种或两种以上的综合式空间组合。这种组合方式可兼顾上述组合方式的特点，既可形成严谨庄重的对称布局，也可以自由灵活地布置建筑物，营造丰富多变的建筑空间，更能有效地适应多变的地形和较好地结合自然环境。因此规模较大和地形复杂的建筑群，往往采用这种空间组合方式。

北京农业展览馆，由于各馆之间没有严格的参观顺序要求，为了突出主体和形成庄严、雄伟的空间效果，主体综合馆采用了对称式空间组合。但是，由于各分馆的规模不同，以及地形的限制，在这样规模庞大的建筑群中完全采用对称式布局是不现实的，特别是在群体南面保留了旧馆建筑群，更不适宜机械地采用对称手法。这组建筑群，尽管主体综合馆采用了对称式组合，但就全体而言仍然是不对称的，这种布局可以说是综合地运用了对称与不对称两种组合形式。

第二节　建筑外部空间处理与环境质量

一、建筑外部空间处理

（一）外部空间的对比与变化

在建筑群外部空间组合中，通常利用空间的大与小、高与矮、开敞与封闭以及不同形体之间的差异进行对比，可以打破呆板、千篇一律的单调感，从而取得变化的效果。在利用这些对比手法时，应注意变而有治、统而不死，使群体组合既具有特色，又能构成一种统一和谐的格调。在我国古典庭院中利用空间的对比与变化的手法最为普遍，并取得了良好的效果。

苏州留园入口处的空间对比是很成功的。为了增加欲放先收的对比效果，不仅使人们先经过曲折狭长的空间，而且还利用光线明暗的对比，使人们穿过一段幽暗的过道，之后再将开敞而明亮的空间展现在人们面前。这种利用空间的纵横收放、明与暗的对比会使人感到豁然开朗，达到一种十分强烈的对比效果。这一段空间所形成的一幅幅画面明暗相间，彼此烘托、陪衬，很有一番情趣。在现代外部空间的处理中，也同样运用对比与变化这一手法。

（二）外部空间的渗透与层次

在建筑群体组合中，通常借助建筑物空廊、门窗、门洞等和自然界的树木、山石、湖水等，把空间分隔成若干部分，但又不使这些被分隔的空间完全隔绝，而是有意识地通过处理使部分空间适当连通，这样做可以使建筑空间和自然环境相互因借，或者使两个或两个以上的空间互相渗透，从而极大地丰富空间的层次感。

在群体组合中，通常采用下列几种方法来丰富空间的层次：

（1）通过门洞或景框将空间分割开来，使人们从一个空间观赏另外一个空间，借助门洞或景框将空间分成内外两个层次，并通过它们互相渗透增加层次感。这种手法不论在我国古典建筑或是西方古典建筑，也不论是在现代建筑中，都经常运用。

在传统的四合院民居建筑中，通常沿中轴线设置垂花门、敞厅、花厅等透空建筑，使人们进入前院便可通过垂花门看到层层内院，给人以深远的感觉。这样的设计可通过院落之间的渗透，丰富空间的层次。

通过威尼斯圣马可广场高大的拱门观看圣马可广场的钟塔及远方的总督府建筑，会给人以空间层次深远的感觉。

（2）通过敞廊从一个空间看另外一个空间，借敞廊将空间分为内外两个层次，并通过它互相渗透。

例如，站在穆尔西亚新市政厅阳台上通过前面的柱廊可看到大教堂和钟塔的壮丽景色，这会让人感到建筑层次深远、空间丰富。

（3）通过建筑物架空的底层从一个空间看另外一个空间，用建筑物把空间分隔为内外两个层次，并通过架空的底层而互相渗透。由于结构和技术的发展，近代建筑或高层建筑往往把底层处理为透空的形式，从向使建筑物两侧的空间相互渗透。

日本广岛和平纪念馆也是采用底层架空的做法。这个架空的底层起到了既分割空间又不隔断空间的效果，使广场更为广阔深远，使得整个广场都可以看到放在地上的巨大马鞍形纪念碑，充分表现出了和平纪念馆的含义。

除此之外，利用通过相邻两幢建筑之间的空隙从一个空间看另外一个空间或者利用树丛从一个空间看另外一个空间等手法，都可以获得极其丰富的外部空间的层次变化。

（三）外部空间的序列组织

在建筑群外部空间构成中，多数由两个或两个以上的空间进行组合，这里就出现一个先后顺序的安排问题。这种空间顺序主要是根据空间的用途和功能要求来确定的，它的很大一个特点就是与人流活动的规律密切相关，也就是说在整个序列中，人们视点运动所形成的动态空间与外部空间是和谐完美的，并可使人们获得系统的、连续的、完整的画面，从而给人留下深刻的印象并能充分发挥艺术感染力。外部空间的序列组织是带有全局性的，它关系到群体组合的整个布局。通常采用的手法是先将空间收缩然后开敞，随着顺序前进然后再收缩、再开敞，引出高潮的到来后再收缩，最后到尾声，整个序列组织也告结束。

这种沿着中轴线向纵深发展的空间序列，明清故宫是个很好的例子。人们从金水桥进天安门空间极度收缩，过天安门门洞又复开敞；紧接着经过端门至午门，由一间间建筑围成又深远又狭长的空间，直至午门门洞空间再度收缩；过午门至太和门前院，空间豁然开朗，预示着高潮即将到来；过太和门至太和殿前院达到高潮；再向前移动是由太和、中和、保和三殿组成的"前三殿"，相继而来的是"后三殿"，与前三殿保持着大同小异的重复；再往后是御花园，至此，空间气氛由庄严变为小巧宁静，也就预示着空间序列即将结束。在整个序列组织中，通过空间大小、明暗、高矮以及纵横的对比使空间既富有变化，又具有完整的连续性。

（四）外部空间的视觉分析

人们在建筑群中的活动规律通常是处于动态的观赏，但也会出现静态的观赏。尽管"静"是相对的，"动"是绝对的，但在群体组合时，结合功能有意识地组织这些停顿点，使之成为主要观赏点来欣赏空间的艺术效果是必要的。

空间构图的重要因素之一是景的层次，通常人们在一定观赏点做静态观赏时，空间层次可分为远、中、近三层景色。远景只呈现大体的轮廓，建筑体量不甚分明；中景则可看清楚建筑全貌；而近景则显出清楚的细部。通常中景是作为观赏的对象是主题所在；而远景是它的背景，起衬托作用；近景则成为景面的边框或透视中导面。

研究上述的空间构图，一般利用视觉分析来确定建筑物的位置、高度、体量与道路、广场、庭院的比例关系。为了满足人们观赏建筑物的视觉要求，应该研究人们的垂直视角和水平视角，以便确定建筑群空间的尺度，满足人们观赏建筑群的完美艺术效果的愿望。

1. 垂直视角

按人们的视角特点，观赏的对象应该处于 20°仰角的视线之内。这时人们就可以较好地观赏这个建筑群。如果人们眼帘稍上移，就使仰角扩大到 30°左右，如果仰角超过 45°，这时人们不仅不能被建筑群总的气势的表现力所感染，就连建筑物的全貌也难于被人们所感受。这些视角的要求，早在古代的建筑实践中就被运用过。

例如：

"建筑物三倍高度的距离"（仰角为 18°），实质就是指这个视点是看建筑群体全景的。

"建筑物二倍高度的距离"（仰角为 27°），实质就是指这个视点是近景看个体的。

"建筑物一倍高度的距离"，实质是指这个视点的仰视角达到了 45°，就是观赏单体建筑的极限视点。

古今中外大量的实例分析都得出这样的结论：人们观赏建筑群的最佳仰角为 18°，观赏个体建筑的最佳近视点为 27°，其最大仰视限度不应超过 45°。如果超过 45°，不仅易造成视角疲劳，而且也会由于仰视角过大使观赏的对象产生严重的透视变形。当然，在人们走近建筑时必然会使观赏视角超过 45°，这时就应该有新的观赏对象来接替。如果只有一幢建筑，那么新的观赏对象可以是建筑的细部或建筑的局部装饰；如果是一群建筑，那么就可以由另一幢建筑来接替，接替时仍可以再次重复使用 18°、27°、45°仰角的关系进行有机的过渡。

2. 水平视角

根据视角的分析，除仰角限制观赏对象的高度外，水平视角也约束着观赏对象的宽度，因为人们视觉器官的最佳水平视角是不超过 60°的。从建筑实践中也证明"等于建筑物宽度的距离"的视点，实际上就是指这个视点的水平视角是 54°。因此，在总体规划设计中对主要建筑平面空间尺寸的确定，不仅要考虑垂直视角的效果，同时也应考虑水平视角的特点，以满足人们观赏建筑群体的视角要求，使之充分发挥建筑空间的艺术效果。北京明清故宫建筑群是最富代表性的实例。天安门广场上的毛主席纪念堂建筑，也较合理地考虑了视线特点。

因此，一个建筑群的总体布局如认真考虑了垂直视角和水平视角的特点，就会使活动在建筑群里的人们观赏建筑群的视角要求充分得到满足。特别是当一个建筑群按 18°、

27°的仰角决定其高度时，那么在27°仰角的视点上应尽量争取运用54°的水平视角，使其既满足垂直方向27°的要求，又满足水平视角54°的要求，那么这个视点就可以称得上是观赏建筑物的最佳近视点。如果建筑群体空间设计能满足上述视觉特点的要求，就可以使建筑群的艺术感染力充分为人们所感受。

二、建筑外部环境质量

（一）朝向

确定建筑的朝向应将太阳辐射强度、日照时间、常年主导风向等因素综合加以考虑。通常人们要求建筑的布局能使室内冬暖夏凉。长期的生活实践证明，南向是最受人们欢迎的建筑朝向。从建筑的受热情况来看，南向在夏季受太阳照射的时间虽然较冬季长，但因夏季太阳较大，从南向窗户照射到室内的深度和时间都较少。相反，冬季太阳较小，从南向窗户照进房间的深度和时间都比夏季多，这就有利于夏季避免日晒而冬季可以利用日照。

但是，在设计时不可能把房间都安排在南向，因此每一个地区的建筑都可以根据当地的气候、地理条件选择合适的朝向范围。

建筑的主要房间布置在一侧时，分析最热月七月和最冷月一月的太阳辐射强度、风速风向气象资料可知南偏东和南偏西各30°的范围内夏季太阳辐射强度最小，而冬季最大，根据夏季最热时间发生在每天13：00—15：00时的太阳辐射强度和室外气温变化，综合考虑可知南偏西15°到南偏东30°为宜。但当建筑物两侧都设置主要房间时，则应从建筑物正、背面两个方向同时加以综合考虑。南偏东15°虽然比南偏西15°方向稍好，但由于西北向下午受到强烈日晒，加上气温很高，还不如采取南偏西15°，即另一面为北偏东15°方向为宜。

建筑朝向的选择应综合多种因素进行考虑，除以上因素外，建筑所处的地理位置、地方气候都直接影响着建筑朝向。因此，在建筑群总体布置时要依照具体情况具体分析，选择较为理想的朝向。

（二）间距

1.日照间距

为保证卫生条件应满足房间内有一定的日照时间，这就要求建筑物之间必须有合理的日照间距，使之互不遮挡。

日照间距的计算一般以冬至日中午正南方向太阳能照到建筑底层的窗台高度为依据。寒冷地区可考虑太阳能照到建筑物的墙脚，以达到室内外有较好的日照条件。可通过以下公式求日照间距：

D（日照间距）=H（前排建筑檐口至地面高度）×R（日照间距系数）

我国不同城市或地区会采取不同的日照间距系数，可通过有关技术规范直接查得，并根据相应日照间距系数求得相邻建筑的间距。我国部分城市的日照间距约在1~1.7H之间。一般越往南的地区日照间距越偏小，相反往北则偏大。

例如，四用的日照间距为1~1.3H，福州的日照间距为1.18H，南京为1.47H，济南为1.76H。通常建筑间距由日照间距计算确定，但由于各地具体条件不同，各类建筑物的要求不同，所以在实际采用上与理论计算的间距有所差异。

2．通风间距

周围建筑物尤其是前幢建筑物的阻挡和风吹的方向有密切的关系。为了使建筑物获得良好的自然通风，当前幢建筑物正面迎风，如需后幢建筑迎风窗口进风，建筑物的间距一般要求在4~5H以上。从用地的经济性来讲是不可能选择这样的标准作为建筑物的通风间距的，因为这样大的建筑间距使建筑群非常松散，既增加道路及管线长度也浪费了土地面积。因此，为了使建筑物既有合理的通风间距，又能获得较好的自然通风，通常采取夏季主导风向同建筑物成一个角度的布局形式。

实验证明，当风向入射角在30°~60°时，各排建筑迎风面窗口的通风效果比其他角度或角度为零时都显得优越。当风向入射角在30°~60°时，选取建筑间距为（1∶1）H、（1∶1.3）H、（1∶1.5）H、（1∶2）H分别进行测试，得知（1∶1.3）H~（1∶1.5）H间距的通风效果较为理想。（1∶1）H间距，中间各排建筑的通风效果较差，而（1∶2）H间距的通风效果提高甚微。

因此，为了节约用地而又能获得较为理想的自然通风效果，建议呈并列布置的建筑群，其迎风面尽可能同夏季主导风向成30°~60°的角度，这时建筑的通风间距取（1∶1.3）H~（1∶1.5）H为宜。

3．防火间距

确定建筑间距时，除了应满足日照、通风要求外，也必须满足防火要求。防火间距根据我国的《建筑设计防火规范》（GB50016—2014）的要求选定。

根据日照、通风、防火等综合要求，建筑物间距常采用（1∶1.5）H。但由于各类建筑所处的周围环境不同，各类建筑布置形式及要求不同，建筑间距也略有不同。如中小学校由于教学特点，教学用房的主要采光面距离相邻房屋的间距最少不小于相邻房屋高度的2.5倍，但也不应小于12m又如医院建筑由于医疗的特殊要求，在总平面布局中，当阳光射入方向上有建筑物时，其间距应为建筑物高度的2倍以上。1~2层的病房建筑，每两栋间距约为25m；3~4层的病房建筑，每两栋间距约为30m；传染病房的建筑间距约为40m。因此在进行总平面设计时，要合理地选择建筑间距，既要满足建筑的功能要求，又要考虑节约用地，减少工程费用。

第三节　建筑外部场地与建筑小品设计

一、建筑外部场地

场地设计是针对基地内建设项目的总平面设计，依据建设项目的使用功能要求和规划设计条件，在基地内外的现状条件和有关法规、规范的基础上，人为地组织可安排场地中各构成要素（包括建筑物、景观小品、广场、绿地、停车场、地下管线等）之间关系的活动。场地设计使场地中的各要素尤其是建筑物，与其他要素形成一个有机整体，提高基地利用的科学性，同时使建设项目与基地周围环境有机结合，产生良好的环境效益。

（一）场地设计的概念

建筑设计中所涉及的外界因素范围很广，包括气候、地域、日照、风向到基地面积、地貌以及周边环境、道路交通等各个方面。关注建筑总体环境，综合分析内部、外部等综合因素，进而进行场地设计是建筑设计工作的重要环节。

场地设计的概念在国外已被普遍接受，这与国外严格的城市规划管理紧密相连。近年来，随着我国城市规划方面不断发展并与国际接轨的要求，特别是1991年开始实施的国家注册建筑师考试制度，场地设计在国内受到重视，各大院校建筑学专业也相继把场地设计作为专门课程独立开设。

场地设计是对工程项目所占用地范围内，以城市规划为依据，以工程的全部需求为准则，根据建设项目的组成内容及使用功能要求，结合场地自然条件和建设条件，对整个场地空间进行有序与可行的组合，综合确定建筑物、构筑物及场地各组成要素之间的空间关系，合理解决建筑空间组合、道路交通组织、绿化景观布置、土方平衡、管线综合等问题；使建设项目各项内容或设施有机地组成功能协调的一个整体，并与周边环境和地形相协调，形成场地总体布局设计方案。这意味着它是一个整合概念，是将场地中各种设施进行主次分明、去留有度、各得其所的统一筹划。由此可见，它是建筑设计理念的拓宽与更新，更是不可或缺的设计环节。

随着设计体制的改革，建筑市场未来将与国际市场接轨。场地设计这一课题将越来越具有积极的现实意义。另外，随着我国经济的健康发展，社会对城镇空间品质的要求越来越高，场地设计在城镇建设过程中将起到不可替代的作用。

（二）场地设计的自然条件

场地的自然条件是指场地的自然地理特征，包括地形、气候、工程地质、水文及水文地质等条件，它们在不同程度上对场地的设计和建设产生影响。

1．地形条件

地形大体可分为山地、丘陵和平原等，在局部地区可细分为山坡、山谷、高地、冲沟、河谷、滩涂等。

建筑场地设计中通常采用 1 ∶ 500、1 ∶ 1000、1 ∶ 2000 等比例尺。

2．气候条件

影响场地设计与建设的气候条件主要有风象、日照、朝向等。

1）风象

风象包括风向、风速。风向是风吹来的方向，一般用 8 个或 16 个方位来表示（由外向中心吹）。风速在气象学上常用每秒钟空气流动的距离（m/s）来表示。风速的快慢决定了风力的大小。

风向和风速可以用风玫瑰图来表示。将风向频率、平均风速等指标根据不同方向分别标注在 8 个或 16 个方位上，即为风玫瑰图。我国各城市区域均可查到相应的风玫瑰图，为建筑设计提供必要的气象依据。

2）日照

日照是表示能直接见到太阳照射的时间的量。

日照标准是建筑物的最低日照时间要求，与建筑物的性质和使用对象有关。我国地域辽阔，不同区域会有不同的日照系数。

3）朝向

我国地域辽阔，各地区的日照朝向选择也随地理纬度、各地习惯不同而有所差异。我国各地主要房间适宜朝向不同。

3．工程地质、水文和水文地质条件

工程地质、水文和水文地质的依据是工程地质勘察报告。进行场地设计时要查阅该项目的工程地质报告，对场地的地质情况有一定了解。

（三）场地设计的要点

场地设计主要涉及场地内主要建筑物及附属建筑物的布置、场地道路。停车场设计、场地的竖向设计、场地的绿化景观设计以及场地的工程管线设计。不同的场地会有不同的设计要求与要点，因此，针对不同的场地，必须全面调研、逐项分析、合理布局，使其适用、经济、美观，达到最大的社会效益、经济效益和环境效益的统一。

1．建筑物以及附属建筑物的布置

建筑物布置是场地设计中的基本要素，它的布置形式直接决定了场地上其他各项要素的布置形式。主体建筑的布置也决定了附属建筑的布置方式。

不同类型的建筑物会有不同的个性与功能，即使是同一类型的建筑，其内部空间组合不同，所呈现出来的基底平面形状就会不同，也就会出现不同的总图布置。

不同类型、不同造型的建筑物是千变万化的，但在总图布置中必须始终考虑到主体建筑的内部功能与流线、朝向与通风、内外人流的集散与交通、环境与景观以及消防与防灾等各种因素。

其附属建筑在总图布置上必须处理好主与次的关系，不与主体建筑争朝向和位置，不妨碍主体建筑的正常使用和美观造型等。

2. 场地的道路与停车场地

（1）场地的道路

道路设计在建筑群体布置中是建筑物同建筑地段以及建筑地段同城镇整体之间联系的纽带。它是人们在建筑环境中活动、交通运输及休息场所不可缺少的主要部分。建筑群总体的道路设计。首先要满足交通运输功能要求，要为人流、货流提供短捷、方便的线路，而且要有合理宽度使人流及货流获得足够的通行能力。

场地的道路设计主要包括道路宽度与道路的转弯半径等。

1）道路宽度。道路宽度根据行车的数量、种类来确定。

单车道不小于 3m，双车道为 6~7m。

主车道为 5.5~7m，次车道为 3.5~6m。

消防车道不小于 4.0m，人行道不小于 1.5m。

2）道路转弯半径。转弯半径是指在转弯或交叉口处，道路内边缘的平曲线半径。机动车在基地内部的最小转弯半径。

（2）停车场地

停车场地主要包括汽车和自行车停车场。在大型公共建筑中，停车场应结合总体布局进行合理安排。停车场的位置一般要求靠近建筑物出入口，但要防止影响建筑物前面的交通与美观，因而常设在主体建筑物的一侧或后面。停车场地的大小视停车的数量、种类而定，并应考虑车辆的日晒雨淋及司机休息的问题。

根据我国实际情况，在各类建筑布置中应考虑自行车停放场。它的布置主要考虑使用方便，避免与其他车辆的交叉与干扰，因此多选择顺应人流来向而又靠近建筑物附近的部位。

3. 场地竖向设计

场地竖向设计包括场地的排水、场地的坡度和标高、场地的土石方平衡等。场地竖向设计的任务具体如下：

1）确定场地的整平方式和设计地面的连接形式

建筑场地情况会有各种各样的变化，有的场地地形较平缓，有的是坡地，有的是高低不平的丘地地形，对于不同的场地，会有不同的竖向设计。首先应根据工程土方量的平衡关系（挖、填）确定场地的整平方式，同时，考虑场地范围内所有设计地面间的连接形式

（是坡地连接还是台阶连接等）。

2）确定各建筑物、构筑物、广场、停车场等设施地坪的设计标高

根据场地地形地势的情况以及场地内的整平方式和连接方式，综合考虑各建筑物、构筑物、广场、停车场等设施地坪的设计标高。

3）确定道路标高和坡度

确定场地范围内的各建筑物、构筑物、停车场等的地坪设计标高的同时还应综合考虑场地内所有道路的标高与坡度。

4）确定工程管线场地的走向

场地设计中还有一个不可缺少的项目——工程管线系统，它包括各种设备工程的管线，如给水管线、排水管线、燃气管线、热力管线以及强电可弱电电缆等。

4. 场地的绿化景观

绿化景观同样是场地设计中重要的一部分，绿化景观设计的好坏将直接影响到该场地的整体效果。

从美化环境的角度讲，它改变了环境，愉悦了人们的心灵，同时还增强了建筑物的层次感和自然情趣，促进了人与自然的关系、人工环境与自然环境的和谐。

从环保的角度讲，它净化了城市的空气，减少了城市的噪声，同时还调节了一定范围内的小气候。

在场地绿化景观的设计中，不能单纯地种植一些树木与草坪，而是必须通过景观设计中的不同元素（如亭子、花架、喷泉、灯柱、不同材质的铺地等），根据建筑不同的个性，强调总图设计的合理性，突出建筑物，处理好各元素的尺度，精心设计，切忌生搬硬套，使绿化景观起到组织、联系空间和点缀空间的作用。

二、建筑小品设计

所谓建筑小品是指建筑中内部空间与外部空间的某些建筑要素。它是一种功能简明、体量小巧、造型别致且带有意境、富于特色的建筑部件。它们富有艺术感的造型以及恰如其分的同建筑环境的结合，都可构成一幅幅具有鉴赏价值的图画。例如，形式新颖的指示牌、清爽自动的饮水台、造型别致的垃圾箱、尺度适宜的坐凳、形状各异的花斗、简洁大方的书报亭等，对它们的艺术处理丰富了外部空间环境。

（一）建筑小品在室外建筑空间组合中的作用

建筑小品虽体型小巧，但在室外建筑空间组合中却有重要的地位。在建筑布局中，结合建筑的性质及室外空间的构思意境，常借助各种建筑小品来突出表现室外空间构图中的某些点，起到强调主体建筑的作用。

建筑小品在室外建筑空间组合中虽不是主体，但它们通常均具有一定的功能意义和装

饰作用。例如庭院中的一组仿木坐凳，它不仅可以供人们在散步、游戏之余坐下小憩，同时又是庭院中的一景，丰富了环境。又如小园中的一组花架，在密布的攀藤植物覆盖下，提供了一个幽雅清爽的环境，并给环境增添了生气。

建筑小品在室外建筑空间组合中能起到分隔空间的作用。在室外环境中用上一片墙或长廊就用以将空间分成两个部分或几个不同的空间；在这片墙上或廊子的一侧，开出景窗，不仅可使各空间的景色互相渗透，而且也增加了空间的层次感。

有一些建筑小品在室外建筑空间组合中除用于组景外，其自身就是一个独立的观赏对象，具有十分引人的鉴赏价值。例如西安半坡村展览馆前面的半坡人雕像，人物造型的历史性充分表达了展览馆的性质，同时雕像本身就是一个颇具艺术价值的建筑小品；桂林七星岩拱星山门不仅引导人们游览的路线，在空间层次的划分上也具有明显的功能意义，同时其本身也是园林环境中的一景。

由此，建筑小品在群体环境中是个积极的因素，对它们进行恰当的运用和精心的艺术加工，使其更具有使用及观赏价值，将会大大提高群体环境的艺术性。

（二）建筑小品的设计原则

建筑小品作为建筑群外部空间设计的一个组成部分，它的设计应以总体环境为依据，充分发挥建筑小品在外部空间中的作用，使整个外部空间丰富多彩，因此，建筑小品的设计应遵循以下原则：

（1）建筑小品的设置应满足公众使用的心理行为特点，便于管理、清洁和维护。

（2）建筑小品的造型要考虑外部空间环境的特点及总体设计意图，切忌生搬乱套。

（3）建筑小品的材料运用及构造处理，应考虑室外气候的影响，防止因腐蚀、变形、褪色等现象的发生而影响整个环境。

（4）对于批量采用的建筑小品，应考虑制作、安装的方便，并进行经济效益的分析。

（三）建筑小品的类型

建筑小品是指既有功能要求，又具有点缀、装饰和美化作用的从属于某一主体性建筑空间环境的小体量建筑、游憩观赏设施和指示性标志物等的统称。园林中体量小巧、功能简明、造型别致、富有情趣、选址恰当的精美建筑物，称为园林建筑小品，其内容丰富，在园林中起点缀环境、活跃景色、烘托气氛、加深意境的作用。建筑小品也是相对大建筑而言的，包括中国古代建筑中的牌楼、华表、香炉、影壁、须弥座、堆石等和现代建筑中的亭、台、楼、阁、榭、廊、桥、径、景墙、围墙、花架、花坛、花境、假山、水溪、喷泉、跌水、园灯、园模等。

建筑小品可分为4种类型：

（1）服务小品，指供游人休息、遮阳用的亭、廊、架、椅，为游人服务的电话亭、洗手池，为保持环境卫生设的废物箱等。

（2）装饰小品，指各种雕塑、铺装、景墙、门窗、栏杆等。

（3）展示小品，指各种布告栏、导游图、指路牌、说明牌等。

（4）照明小品，指以草坪灯、广场灯、景观灯、庭院灯、射灯等为主的灯饰小品。

与普通建筑不同之处在于，建筑小品的构思出发点较多功能上限制较小，有的几乎没有功能要求，因而在造型立意、材质色彩运用上都更加灵活和自由。从众多设计实例方案中，可分析归纳出以下两种构思技巧：

1. 原型思维法

众所周知，创造性的构思常常来自瞬间的灵感，而灵感的产生又是因为某种现象或事物的刺激。这些激发构思灵感的事物或现象，在心理学上称为"原型"。正是由于原型的出现，使得创作有了一个独特的构思和立意。原型之所以具有启发作用，关键在于原型。所构思创作的问题之间有"某些或显或隐的共同点或相似点"，设计者在高速的创作思维运转中，看到或联想到某个原型，而得到一些对构思有用的特性，而出现了"启发"。古今中外，无论大小的成功建筑都受到了"原型"的影响和启发。加丹麦设计师约恩·乌松设计的悉尼歌剧院，就受到了帆造型的启发。原型思维法从思维方式来看，是属于形象思维和创造思维的结合。建筑小品是具象思维（具体事物和实在形象）和抽象思维（话语或现象的感知）转化为创作的素材和灵感，其在创造性、发散性和收敛性思维的作用下，导致不同方案的产生。在这个过程中，原型始终占据着创造思维的核心地位。

2. 环境启迪法

在建筑小品创作中，许多方面的因素都会直接或间接影响到建筑本身的体态和表情。从环境艺术设计及其原理来看，建筑小品所处的环境是千差万别的，作为环境艺术这个大系统下的"建筑"，它的体态和表情自然要与特定的环境发生关系。我们的任务就是要在它们之间去发现具有审美意义的内在联系，并将这种内在联系转化为建筑小品的体态或表情的外显艺术特征。因而环境启迪就是将基地环境的特征加以归纳总结，加以形象思维处理，形成创作启发，从而通过创造性思维发散，创造出与环境相协调的建筑小品。

（五）建筑小品的设计手法

在以上一种或两种构思技巧的共同引导下，运用不同设计手法，对同一主题的诠释是不同的。下面笔者结合工程实际和一些具体的设计方案与大家共同探讨建筑小品的设计手法。

1. 雕塑化处理

这种设计手法是借鉴雕塑专业的设计方法，其出发点是将建筑视为一件雕塑品来处理，具有合适的尺度和使用功能上的要求，力争做到建筑雕塑一体化。这是原型思维的一种表现。在某景区山门及公共厕所设计中，笔者根据当地出产红色岩石的特点，以雕塑化手法设计，模仿山石的自然组合形态，形成古朴自然的独特建筑形象。

2. 植物化生态处理

这种设计手法的目的是达到与自然相融合，使建筑小品有融入自然的体态和表情，具体做法是在造型处理中引入植物种植，如攀援植物、覆土植物等，通过构架的处理，在建筑小品上点缀或覆盖绿色植物，从而达到构筑物藏而不露，与自然相协调。而建筑小品与植物一起配置，处理得当不仅可以获得和谐优美的景观，而且还可突出单体达不到的功能效果。

3. 仿生学手法

运用仿生，即在设计中模仿自然界的生物造型，达到"虽为人工，宛若天成"的境界。在石梅湾旅游度假村的设计中，设计者布置了一些生趣盎然的仿生建筑，将其造型特点与建筑功能相结合，并将生物的生活习性结合地形布置，如鹦鹉螺（多功能厅）、展凤螺（海洋艺术展览中心）等布置在人造岛的水边，海贝结合海岸的礁石群布置，菠萝（风味食街）则如自然生长在土中。

4. 虚实倒置法

这种设计手法是通过对常用形式的研究和观察，进而在环境的启发下运用，以达到出人意料的强烈对比效果。如某景区山门设计，用四片镂空的石墙表现出古代建筑经典的剪影形象，十分贴切地表现出景区的特点，又给人以新颖和强烈对比的感觉。

5. 延伸寓意法

该设计手法是在一般想象力上升到创造思维后，对一些有深刻意义的事物加以升华，将其意义融入建筑小品创作中，往往使人对建筑产生无限的遐想，并回味无穷。特别是一些纪念性建筑小品更是如此。

第六章　建筑空间组合设计实践

一幢建筑是由许多空间组合而成的。这些空间相互联系、相互影响，关系密切。因此，建筑设计不仅要对组成建筑的基本单元——每个空间进行精心设计，而且必须根据各个空间相互之间的关系，将所有空间都安排在适当的位置，有机地组合在一起，才能形成一幢完整的建筑。这项工作称为建筑空间组合设计。

建筑空间组合设计的任务是：将各使用空间和交通联系空间加以适当组织与安排，形成完整的建筑，并综合地、完善地满足建筑功能、环境、技术、经济、美观等方面的要求；必要时，还应对单个空间的设计做出修改与调整。

第一节　建筑空间组合设计的原则

建筑空间组合是建筑设计的一个重要环节，必须遵循一定的原则才能获得满意的效果。

一、功能分区明确

为实现某一功能而需组合在一起的若干空间形成一个功能区。一幢建筑往往有若干功能区。例如，集中式医院主体建筑可分为门诊、医技、住院三个功能区。各功能区由若干房间组成。建筑空间组合设计应使功能分区明确，各空间不混杂，以减少干扰，方便使用，并进一步使每个房间的使用要求都得到满足。

二、流线组织简捷

建筑功能的实现，与交通流线组织关系很大。交通流线的布置方式，在很大程度上决定了建筑的空间布局和基本体形。所以交通流线组织是建筑空间组合中十分重要的内容。交通流线组织要解决好下列问题：

（一）各种交通流线分工要明确

建筑中的交通流线可分为：（1）公共的或主要的交通流线；（2）内部的交通流线；（3）辅助供应的或次要的交通流线。各种流线应相对独立。内部的及辅助的交通流线与主要交通流线只需保持必要联系，方便管理即可，不要造成过多干扰。

（二）交通流线布置要合理

交通流线应简捷、明确、联系方便，顺畅而不阻滞。所谓简捷，就是距离短、转折少。这不仅使用效果好，而且可节省交通面积。所谓明确，就是使不同的使用人员能很快辨别并进入各自的交通路线，避免人流混杂。不同的流线可以从平面上分开，也可以从不同高度上分开。所谓方便，就是使建筑内的交通形成完整的系统，除要求隔离的部位外，交通流线应贯穿各处，保证建筑功能的有效实现。

（三）各种交通联系衔接要正确

一幢建筑往往有几种不同性质、不同方向的流线，要解决好它们的衔接关系。为了适应交通量的不均匀性和提高疏散的安全性，要处理好交通枢纽和交通缓冲区，如门厅、过厅等。

三、空间布局紧凑

在满足使用要求的前提下，建筑空间组合应妥善安排辅助面积，减少交通面积，使空间布局紧凑，以提高建筑的经济合理性。

（一）加大建筑物的进深

加大建筑物进深，可以缩短走道长度、压缩交通面积、节省通行时间；另外，还减少了外墙面积，节约了造价，提高了建筑的热稳定性。

（二）增加层数

适当增加层数，既可节约用地，也可减少交通面积，节省设备管线，使空间布局紧凑。

（三）降低层高

降低层高不但可以减少楼梯踏步数，进而减小楼梯间进深，减少上下交通距离和人的疲劳，而且可以使整个建筑的空间体积减小，使空间利用更充分，节省了建设投资。

（四）大空间布置在建筑尽端

大空间周边尺寸大，布置在建筑尽端，可以避免设置过长的走道。

四、结构选型合理

结构是建筑的骨架。建筑空间要依赖结构而存在。优秀的建筑，建筑空间和结构是融为一体的。结构选型应经济合理，同时又能为建筑空间的形成和建筑造型的完美提供有利条件。所以建筑设计也要进行结构构思，必要时还要与结构工程师配合对结构方案进行推敲。

五、设备布置恰当

建筑设备包括给水、排水、采暖、通风、电气、通信、燃气等。各种设备是为创造良好的建筑环境服务的，但它们也各有自身的技术要求。建筑设计应统筹安排各种设备用房，考虑各种管线布置的要求及与建筑的关系，必要时应与有关设备工程师共同协商以完善设计。

六、体形简洁、构图完整

建筑空间组合是建筑体形塑造最基本的手段。一般来说，建筑体形以简洁为宜，构图以完整为宜。这样处理，结构简单、施工方便、布局紧凑，有利于抗震和降低造价；同时建筑造型整体感也强。

七、日照、天然采光和自然通风良好

为了提高建筑的环境质量，建筑设计应保证一定数量的空间获得日照，但又不能过度。在建筑空间组合时，应根据性质和使用要求妥善安排各空间位置，争取使尽可能多的主要使用空间有较好的朝向，为了减少东西晒的不利影响，在东西向房间的设计中，除采用各种遮阳措施外，还可以通过调整空间组合形式的方法来解决。

主要使用空间一般都要求有天然采光，并对照度、均匀度和投射方向有程度不同的要求。天然采光的方式有侧面采光（利用侧窗采光）、顶部采光（利用天窗采光）、综合采光（利用侧窗和天窗共同采光）。建筑空间组合的任务之一就是为满足这些采光要求和采光方式创造条件。例如，要求光线柔和均匀、无眩光的房间宜放在北面；需设置顶部采光的房间应放在顶层。

针对我国的气候条件，大多数民用建筑的自然通风设计主要是解决在夏季形成穿堂风的问题。所以建筑的朝向除考虑日照因素外，还应使建筑的主立面尽可能垂直于当地的夏季主导风向。建筑平面组合采取外廊式是有利于自然通风的；当采用内廊式组合时，则应尽可能将走道两侧房间的门、窗前后对齐。要研究气流的方向和影响范围，减少阻挡，使主要使用空间都能有良好的通风条件。大进深的建筑平面组合，可以在中间设天井，利用天井的拔风作用来改善通风条件。

八、与基地环境和谐协调

建筑总是建造在一定的基地上的。建筑必须与基地环境有机统一、和谐协调，基地的面积大小与形状、地形地貌、周围原有建筑、道路、绿化、公共设施等环境条件对建筑空间组合起制约作用。同样功能、同样规模的建筑，由于所处基地环境不同，常常会出现不同的空间组合。设计者要认真研究建筑所处环境的自然条件和人文条件，充分利用有利因素，克服不利因素，寻求最佳的建筑空间组合。

九、保证消防安全

第三章第三节已介绍了有关楼梯、门和走道宽度、走道安全疏散距离、出入口与楼梯数量等规定，建筑空间组合时都应遵守。除了这些以外，建筑空间组合时还应遵守有关层数和防火分区方面的规定。九层及九层以下的住宅（含商住楼）和建筑高度不超过24m的其他民用建筑以及高度超过24m的单层公共建筑。建筑物的地下室、半地下室应采用防火墙分隔成面积不超过500 ㎡的防火分区。防火墙两端的其他墙体上如开窗，应留出不少于2m的间隔。在转角的凹角处，门、窗间距应大于4m。另外，在建筑空间组合时，还应将易燃、易爆的房间相对集中，处于下风向，远离主要人流疏散口，并做好阻燃、防爆处理。

十、提高建筑的经济性

建筑空间组合应从占地、面积、体积、造价、使用中的运行费用等多方面综合考虑，使建筑取得良好的技术经济指标。

第二节　建筑空间组合方式

建筑空间组合包括平面组合和竖向组合，它们相互影响，设计时应统一考虑。

一、建筑空间平面组合的基本方式

（一）走廊式

各使用空间用墙隔开，独立设置，并以走廊相连，组成一幢完整的建筑，这种组合方式称为走廊式。走廊式是一种被广泛采用的空间组合方式。它特别适合于学校、办公楼、医院、疗养院、集体宿舍等建筑。这些建筑房间数量多，每个房间面积不大，相互间需适当隔离，又要保持必要的联系。

走廊式组合又可分为内廊式、外廊式、连廊式三种。

1. 内廊式

内廊式组合的优点是房屋进深大，交通面积省，外墙长度短，建筑热稳定性好，比较经济。内廊式组合的缺点是部分房间朝向差，通风、采光条件也较差，相对布置的房间还存在一定程度的干扰。

2. 外廊式

外廊式组合的优点是可以使大多数房间取得良好朝向，采光、通风条件好，房间之间很少干扰。外廊式组合的缺点是房屋进深小，交通面积多，外墙长度长，建筑热稳定性稍差，经济性较差。外廊式组合在炎热地区采用较多。

连廊避免了走廊内的活动对室内的干扰。连廊可长可短，可设台阶，可转折弯曲，所以能较好地适应基地形状和地形的变化。连廊也可以作为休息廊。连廊两侧无房间，便于观赏室外或庭院景观。

3. 连廊式

连廊式组合的走廊两侧无房间。连廊把两端的使用空间联系起来，同时有隔离作用。连廊在适应地形变化、丰富庭院景观方面也有一定作用，但造价较高。

在许多建筑中，根据功能要求、环境条件等具体情况，建筑的不同部分可分别采用内廊、外廊或连廊，相互衔接处则以门厅、过厅、楼梯间等作过渡。走廊除作交通联系用外，也可以兼有其他用途。走廊的形状可以是平直的，也可设计成折线形或弧形。

（二）穿套式

在建筑中需先穿过一个使用空间才能进入另一个使用空间的现象称为穿套。穿套式空间组合是把各个使用空间按功能需要直接连通，串在一起而形成建筑整体。这种组合没有明显的走道，节约了交通面积，提高了面积的使用效率；但另一方面，容易产生各使用空间的相互干扰。它主要适应于各使用空间使用顺序较固定、隔离要求不高的建筑，如展览馆、商场等。

穿套式组合又可分为串联式、放射式、大空间分隔式三种。

1. 串联式

各使用空间依功能要求，按一定顺序，一个接一个地互相串通，甚至首尾相接，这种组合的优点是空间与空间关系紧密，并且具有明确的方向性和连续性；缺点是活动路线不够灵活，不利于各使用空间的独立使用。规模较大的建筑，可在串联的各使用空间中插入过厅、休息厅、楼梯，以提高使用的灵活性。这种组合常见于展览馆。

2. 放射式

将一系列使用空间围绕大厅或交通枢纽布置，人从一个使用空间到另一个使用空间必须从大厅或交通枢纽中穿过，这种方式称为放射式空间组合。它的优点是流线紧凑，使用灵活，各使用空间的独立性优于串联式；缺点是大厅中流线不明确，易产生拥挤。这种组合常见于展览馆、商场。

3.大空间分隔式

这种组合的特点是将一个大空间采取灵活的隔断，分割成若干不同形状、不同大小的空间，它们相互穿插贯通，彼此间没有明确肯定的界限，失去了独立性。这种组合，布局紧凑，使用空间的划分机动灵活，流动感强。由于空间大，难以获得足够的天然采光和自然通风，

由于没有柱，空间的划分很灵活。隔墙或隔断采用各种轻质材料，或曲或直，纵横交错，形成若干个子空间，但隔而不断。由于柱子少，梁跨度大，结构上较复杂。梁的跨度变小，结构简单，造价经济。隔墙可放在框架梁上。但采用轻质隔断时，也可以不受梁的限制。

所以常需人工照明和机械通风。这种布置常见于大型展览馆、商场。

（三）单元式

将关系密切的若干使用空间先组合成独立的单元，然后再将这些单元组合成一幢建筑，这种方法称为单元式空间组合，这种组合，使各单元内部的各使用空间联系紧密，并减少了外界的干扰。这种组合常采用在城市住宅和幼儿园设计中。

（四）大厅式

以某一大空间为中心，其他使用空间围绕它进行布置，这种方式称为大厅式空间组合。采用这种组合，有明显的主体空间。这种空间组合常用于影剧院、会堂、交通建筑以及某些文化娱乐建筑中。

（五）庭院式

以庭院为中心，围绕庭院布置使用空间，这种方式称为庭院式组合。庭院三面布置使用空间，称为三合院，第四面常为围墙或连廊。庭院四面布置使用空间，称四合院。大的建筑也可能设置两个或多个庭院。庭院可大可小，面积小的也可称天井。庭院可做绿化用地、活动用地，也可做交通场地。如果庭院上方加上透明顶盖，则成为变相的大厅。

这种组合，空间变化多，富于情趣，有利于改善采光、通风、防寒、隔热条件，但往往占地面积较大。这种组合常见于低层住宅、风景园林建筑、纪念馆、文化馆以及中低层的旅馆。

（六）综合式

在很多建筑中，同时采用两种或两种以上的空间组合方式，则称为综合式空间组合。不同组合方式之间，常以连廊、门厅、过厅、楼梯等作为过渡。

二、建筑空间竖向组合的基本方式

（一）单层组合

单层组合形成单层建筑，但各部分因功能要求不同可以有不同高度。单层组合简单灵活、施工方便、房屋造价低，但占地多。单层组合主要应用在下列三种情况；（1）人流、货流量大，对外联系密切的建筑；（2）需要利用屋顶采光和通风的建筑；（3）农村、山区或用地不紧张地区的建筑。

（二）低层、多层和高层组合

采用这种组合可以分别形成低层、多层、高层建筑。按组合方法，又可分叠加组合、错层组合、跃层组合、夹层组合等几种。

1. 叠加组合

（1）上下对应，竖向叠加

建筑的各层都只有一种层高，竖向叠加时，承重墙（柱）、楼梯间、卫生间等上下对齐。这是一种应用最广泛的组合方式。

（2）上下错位叠加

各层平面不相同的竖向组合称为错位叠加。错位叠加后，建筑的剖面形成台阶形、 字形、倒梯形。错位叠加时，也应尽可能使主要承重墙（柱）上下对齐，保证结构受力的合理性。

建筑在同一层有不同层高，部分楼板需要上下错开，这种组合称为错层组合。不同标高楼板的衔接处常用楼梯、台阶、坡道来过渡。

3. 跃层组合

这种组合方式主要用于高层建筑。建筑内每隔一至二层设一条公共走道，电梯也只在有公共走道一层停靠。每户住宅占有二至三层空间，内部以小楼梯上下联系。这种跃层式组合节省了公共交通面积，提高了电梯运行速度，并为每户住宅创造了更优越的居住环境，但缺点是造价较高。

4. 夹层组合

将高度较小的使用空间竖向叠加，围合在一个高大的主体空间的四周或一隅，称为夹层组合。夹层组合可以充分利用空间，并使不同高度空间之间形成对比，以提高空间的艺术表现力。

错层组合适应了不同房间对层高的要求，但房屋的结夹层组合由于各部分高度不同，应仔细推算，各处的结构较复杂，抗震能力也减弱。

第三节　建筑空间组合的方法步骤

建筑空间组合是一项综合性很强的复杂工作，一般应从全局到局部、从粗到细逐步深入，并反复修改，才能取得好的效果。

一、基地功能分区

建筑功能的完整和完善不仅取决于建筑本身，还必须与环境条件适应，与基地的功能分区相一致。建筑的功能分区与基地的功能分区存在对应关系。所以，建筑设计应在基地功能分区的基础上安排好建筑的功能分区。

（一）划分功能区块

按照不同的功能要求，将基地的建筑和场地划分成若干功能区块。区块的划分可以先粗一些，以后逐步深入。

根据学校使用特点，可划分为教学主要指课堂教学）、运动场、行政办公、生活后勤等四个功能区块。其中，教学、行政办公、生活后勤三个功能区块需在建筑中完成其功能。若将这三个功能区块置于一幢建筑中，建筑将包括三种功能。

（二）明确各功能区块之间的联系

用不同线宽、线型的线条，加上箭头表示出各功能区块之间联系的紧密程度和主要联系方向。另外，还可以用某种图例标明隔离要求。

（三）选择基地出入口大体位置与数量

根据功能分区、防火疏散要求、周围道路情况以及城市规划的其他要求，选择出入口位置与数量。这种选择与建筑出入口的安排是紧密相关的。

（四）选择各功能区块在基地上的位置

根据各功能区块自身的使用要求，结合基地条件（形状、地形、地物等）和出入口位置，可以先大体确定各功能区块的位置。

二、基地总体布局

基地总体布局的任务是确定基地范围内建筑、道路、绿化、硬地及建筑小品的位置。它对单体建筑的空间组合具有重要的制约作用。

（一）各功能区块面积的估算

各功能区块都应根据设计任务书的要求和自身的使用要求，采取套面积定额或在地形图上试排的方法，估算出占地面积的大小，并确定其位置与形状。为避免返工过大，一般要先安排好占地面积大、对用地条件要求严格（如朝向、坡度、地质等）的功能区块。

（二）安排基地内的道路系统

道路系统包括车行道（含消防车）、人行道和回车场、人流集散场地等。道路系统的布置既要与基地周围道路系统妥善衔接，又要满足基地人流、车流组织和道路自身的技术要求（宽度、面积、坡度、转弯半径等）。

（三）明确基地总体布局对单体建筑空间组合的基本要求

这些要求，包括建筑场地的大小（长、宽）、形状，建筑的层数、高度、朝向以及建筑出入口的大体位置，建筑空间组合设计应当分析这些要求，找出有利因素和不利因素，寻求最佳的组合方案。当然，在深入进行单体建筑空间组合的过程中，也可回过头来对基地的总体布局做适当修改。

三、建筑的功能分析

（一）建筑功能分析的内容

建筑功能分析包括各使用空间的功能要求，以及各使用空间的功能关系。

使用空间的功能要求包括朝向、采光、通风、防振、隔声、私密性及联系等。

各使用空间的功能关系包括使用顺序、主次关系、内外关系、分隔与联系关系、闹与静的关系等。

（二）建筑功能分析的方法

1. 矩阵图分析法

矩阵分析图是将各使用空间的名称、功能要求等分别列入图表的纵列与横列中，画出纵横交叉的网格，再用某种符号（如小圆圈）标出相关性，使每个使用空间的组合要求都一目了然。矩阵分析图法对于研究建筑组成空间的一般功能要求及内外、主次、闹静等关系相当有效，表达也方便，但难以表达空间的使用顺序。

2. 框图分析法

框图分析法是将建筑的各使用空间用圆圈或方框表示（面积不必按比例，但应显示其重要性和大小），再用不同的线型、线宽加上箭头表示出联系的性质、频繁程度和方向。此外，还可在框图内加上图例和色彩，表示出闹静、内外、分隔等要求。

对于使用空间很多、功能复杂的建筑，建筑的功能分析应由粗到细逐步进行。首先，可将一幢建筑的所有使用空间划分为几个大的功能组团（也称功能分区）。每个功能组团由若干个有密切联系、为同一功能服务的使用空间组成，并具有相对的独立性。按照上述方法，对这些功能组团进行功能分析，并布置在一定的建筑区域，便形成了建筑的功能分区。

以后，再在各功能组团中进行功能分析，确定每个使用空间的布置。这种功能分析是一个从无序到有序，不断深化，不断调整的过程。对于更复杂的建筑，往往还要进行多级的功能分析。

（三）建筑功能分析的综合研究

建筑的功能往往很复杂，相互之间存在很多矛盾。建筑空间组合应根据不同的建筑类型和所处的具体条件，抓住主要矛盾，进行综合研究，以确定每个使用空间的相对位置。

1. 侧重于流线的研究

交通建筑、生产性建筑对流线要求较高。使用空间应按顺序排列。人流、货流、车流要分清，避免交叉，做到短捷通畅。所以功能分析应侧重流线安排。例如，在汽车客运站设计中，应将旅客流线、车辆流线、行李流线分开，旅客流线中又应将进站流线和出站流线分开。

2. 侧重于单元内的功能研究

城市住宅大多按单元式组合。各单元之间功能联系少，组合也相对容易。所以功能分析应侧重单元内各使用空间的安排。

3. 侧重于主要部分、主要使用空间的研究

影剧院、商场之类的建筑，主要部分、主要使用空间很明显，空间组合时也以此为中心。所以功能分析应侧重于主要部分、主要使用空间的安排。

4. 侧重于组、类的研究

医院一类建筑，可以将所有使用空间较明显地划分为几组或几类，它们的内部由若干功能关系密切的使用空间组成，而组、类之间也存在一定的功能联系。这类建筑可按上述多级功能分析的方法来进行研究。

5. 侧重于重复空间组合的研究

集体宿舍一类建筑，主要使用空间基本相同，相互之间没有主从、顺序关系，受辅助使用空间的制约也很小，所以功能分析相对简单。

四、确定建筑的层数与层高

（一）建筑的层数

影响建筑层数的因素很多，应根据具体情况加以选择。

1. 从功能要求出发确定层数

有些建筑，功能上要求层数不能太多。例如，中小学教学楼为便于少年儿童参加户外活动，层数不宜超过四层；影剧院观众厅有大量人流集散，为保证安全，宜采用一层。

2. 从城市规划要求出发确定层数

城市规划从城市景观出发，往往对各地段的建筑高度和层数做出若干规定，这是确定建筑层数的重要依据。

3. 从节约用地出发确定层数

一般来说，层数多的建筑较层数少的建筑节约用地。

4. 从防火要求出发确定层数

不同耐火等级的建筑，对不同类型建筑的层数有一定限制。

5. 从材料、结构、设备、施工等物质技术条件出发确定层数

材料和结构不同，能够建造的层数不同，例如，砖混结构以不超过六层为宜。建筑设备对建筑层数影响也很大，例如，如果不设电梯，高层建筑是不可取的。建筑层数越多，施工技术越复杂，施工机械设备要求也越高，所以建筑层数应与施工条件相适应。

6. 从基地条件出发确定层数

基地面积大，建筑层数可少一些。基地面积小，只好加多层数。

7. 从建筑造型要求出发确定层数

层数多的建筑易显得雄伟，层数少的建筑易使人感到亲切。为了增加体形变化，也可能在不同部位采用不同层数。

8. 从经济条件出发确定层数

一般情况下，考虑综合经济效益，多层建筑较经济，其次是低层建筑，高层建筑的造价则高得多。

（二）建筑的层高

层高是指上下相邻两层楼（地）面之间的垂直距离。层高是根据房间净高推算出来的。房间净高是指楼地面至顶棚底面的垂直高度；当楼板或屋盖有下悬的构件影响空间有效使用时，应按楼地面至构件的下缘的垂直高度作为房间的净高。

房间的净高取决于下列因素：（1）人、家具、设备的尺度，包括使用、搬运、检修家具设备的尺寸；（2）从空气流量和声学要求计算出的房间体积；（3）从天然采光要求推算出的房间净高与深度（或跨度）的比值；（4）房间的设备条件，如有无电灯和空调；（5）从审美要求选择的房间比例；（6）经济因素。

根据房间净高，加上楼盖的结构、构造尺寸便可以推算出建筑层高。建筑层高还应符合有关单项建筑设计规范的要求，并按建筑模数协调标准加以调整。按照标准化的要求，民用建筑的层高模数宜采用 1M，即 100mm 的整倍数。当各个房间净高相差不大时，应适当调整，使同层层高相同，以简化结构与施工。

五、建筑空间平面组合与竖向组合的综合研究

在基地功能分区、基地总体布局、建筑的功能分析、确定建筑的层数和层高等工作的基础上，便可以进行建筑的平面组合和竖向组合了。平面组合与竖向组合是密不可分的，所以应综合研究。这项工作包括以下内容：（1）选择建筑空间平面组合的方式；（2）选择建筑空间竖向组合的方式；（3）划分各层的房间组成，并进行平面布置；（4）研究各种流线的组织，并安排好走道、楼梯、各种交通枢纽和出入口；（5）安排墙、柱与门窗；（6）确定平面和剖面的主要尺寸，如房间的开间与进深、柱网的柱距与跨度、层高与净高等。

在进行建筑的平面组合与竖向组合时，必须使空间组合设计的各项原则都得到贯彻。

建筑空间组合应从粗到细，循序渐进，必要时也可对前面所做的设计工作做某些修正。建筑空间组合应进行多方案比较，选出最佳的方案。

在建筑空间组合中，平面组合的工作量往往更大，所以应特别注意工作方法。常用的方法有模型法和作图法两种。所谓模型法，就是将单一建筑空间设计时确定的各个房间（包括交通联系空间）按一定比例（如 1∶100）做成硬纸片模型，再按分层的功能分析图进行多次试拼，必要时还应修改模型形状后再试拼，将比较满意的摆法用透明纸描下来，形成各层的平面方案。所谓作图法，就是先徒手按比例在草图纸（或衬有比例方格纸的透明纸）上作图，经修改后再用工具绘成平面图。为了使平面组合尽快从无序走向有序，并满足结构布置与构图的需要，可采用网格法和几何母题法。所谓网格法，就是在平面布置大致确定后，在平面上建立网格，它既是确定结构布置的轴线，也是构图的控制线；然后调整各个使用空间的形状，使墙、柱位置尽可能与网格重合。建筑的不同部位可以有不同的网格，但一般应以某种网格为主。网格还可以按照图形构成的手法进行旋转、错位和变异，以丰富建筑的造型。所谓几何母题法，就是在平面布置大致确定后，用某种几何图形（如三角形、正六边形、圆形、扇形等）的组合来作为结构布置和空间组合的控制线。建筑的不同部位可以建立不同的几何母题，但一般应以某种几何母题为主。

建筑空间组合的成果是各层平面图和主要位置的剖面图。

第四节　建筑内部空间设计手法

通常称有顶盖的建筑空间为建筑内部空间，没有顶盖的建筑空间为建筑外部空间。对建筑内部空间的设计要求包括物质与精神两个方面。前面已介绍如何使建筑内部空间满足人物质方面的要求，本节主要介绍如何使建筑内部空间满足人精神方面的要求。

一、空间的围透

空间的围合方式基本上有两种，一是"围"，二是"透"。两种方式造成两种空间效果，前者封闭，后者开放。空间的围透不但影响人的感受和情绪，而且影响到使用。在建筑中，空间的围透是相辅相成的，应统一考虑。何处该围，何处该透，要根据使用要求、朝向和周围的景观来确定。凡是朝向好、景色优美的一面可透，否则当围。空间围透处理还与设计者的导向意图有关。为了有意识地把人的注意力吸引到某个方向，则相应部位应作透的处理。一个空间围透处理的程度，还要根据空间的性质和结构的可能性而定。例如，园林建筑为了开阔人的视野，甚至可四面透空，而具有私密性的个人生活空间则应在满足采光、通风、日照的条件下，尽可能多围一些；砖混结构，开洞面积受到墙体结构限制，空间只能以围为主；而骨架结构，墙体不承重，开洞较自由，就可以处理得较通透。

围的方法不外乎设墙以阻挡视线，透的方法是指在墙上开窗挖洞（包括设柱列），让视线穿过。在建筑中，围、透主要针对视线处理而言。如果把围、透处理扩展到声音和气味的范畴，处理手法另当别论。但不管在什么范畴，围都是在空间之间形成隔离，而透则在于建立联系。

二、空间的分隔

空间的分隔对空间的视觉效果、空间的性格、环境气氛的创造、空间功能的实现等，都有重大影响。空间的分隔应从整体到局部全面考虑。空间分隔的程度按需要而定，可以实隔或虚隔；或半虚半实；或以实为主，实中有虚；或以虚为主，虚中有实等等。空间分隔采用的方式要根据空间的使用特点和艺术要求而定，一般可分为下列四种。

（1）绝对分隔指用承重墙和隔墙等限定程度高的实体界面分隔空间。经过这种分隔，室内空间较安静，私密性好。

（2）局部分隔指用屏风、隔断和高度大的家具等不完整界面分隔空间。这种分隔空间所形成的限定度大小随界面的大小、形态、材质等而异。

（3）象征性分隔指用栏杆、花格、构架、玻璃隔断等低矮或空透的界面，或用家具、陈列、绿化、水体、色彩、材质、光线、高差、悬挂物、音响、气味等因素所做的空间分隔。这种分隔，限定度很低，界面模糊，但能通过暗示和"视觉定形性"被感知。这种分隔侧重于心理效应，具有象征性。空间的划分隔而不断，流动性强，层次丰富，意境深邃。所谓"视觉定形性"，是指人只看见所熟悉的某物体的局部，但通过记忆中的印象，可以联想出该物体的完整形象。

（4）弹性分隔指用拼装式、折叠式、升降式等活动隔断或帘幕等分隔空间。采用这种分隔，可以根据使用要求随时启闭或移动隔断，被分隔的空间也随之或分或合、或大或小，形成弹性空间或灵活空间。

室内空间的分隔方式决定了空间之间的联系程度。

三、空间的过渡与对比

空间的过渡可分为直接过渡和间接过渡。直接过渡是指只需越过一个界面就达到的空间过过渡。间接过渡是指两个空间之间插入第三空间实现的过渡。这种第三空间也就是过渡空间，常采用过厅、连廊、楼梯间以及其他辅助空间。过渡空间运用得当，可以使各主要使用空间构图更加完整，并能适应建筑体形变化的需要，但使用过多则会造成浪费。

空间的过渡，特别是过渡空间与主要使用空间之间常采用各种对比手法，以加强主要使用空间的艺术感染力。

四、空间的重复与再现

在建筑空间组合设计中，空间的变化、对比和统一、协调是相辅相成的。变化、对比过多会杂乱无章，统一、协调过多会呆板乏味，程度的把握要根据建筑的性质而异。

所谓空间重复，是指同一种空间连续出现。所谓空间再现，是指相同空间分散处于建筑的不同部位，为其他空间所隔开。它们都是处理空间统一、协调的常用手法。

五、空间的层次与渗透

形成空间层次与渗透，基本方法是使有关空间相互连通、贯穿。这种连通、贯穿，可以出现在平面组合中，也可以出现在竖向组合中（如多层共享大厅）。空间的层次与渗透，可以使空间更丰富，更具美感。

采用重复很容易获得统一的效果，使建筑变得"单纯"，但过多则乏味。

六、空间的引导与暗示

为了提高空间的使用质量，让使用者很容易找到自己的前进方向和路线，除了妥善安排好建筑的交通系统外，还应在内部空间处理中对人流路线加以引导与暗示。引导与暗示的方法很多，主要有下列四种。

（一）利用建筑构图控制线导向

在建筑空间组合时，为了使组合有序化，使建筑成为有机的整体，常采用若干条控制线来控制全局。这些控制线有很强的方向性，所以可以起导向作用。

（二）利用建筑构部件导向

1. 设置全部外露或部分

外露的楼梯、台阶、坡道楼梯、台阶、坡道很容易使人联想到上部空间的存在，所以具有导向性。特别是露明的直跑楼梯、螺旋楼梯、自动扶梯，更具向上的诱惑力。

2. 设置弯曲的墙面

曲面在视觉上具有动感，所以弯曲的墙面具有引导作用。

3. 设置灵活隔断

灵活隔断不但暗示另一空间的存在，而且可以根据需要，使两空间合而为一。

4. 设置门窗或开洞

在两空间的界面上设门窗或洞口，使人直接可以观看到另一空间的存在，其引导作用是明显的；即使是关闭的门，也暗示了另一空间的存在。

5. 设置连续排列的物件

连续排列的柱、柱墩，加强了透视感，也增强了导向性。

（三）利用建筑装饰导向

墙面、楼地面、顶棚面，都可以通过装饰手法强调行进方向。这些装饰，既可以是韵律感很强的图案，也可以是导向性很强的线条。在流线转折、交叉、停顿处，会形成视觉中心，更应重点装饰。有些流线复杂的建筑，为了更有效地将使用者导向各自的目的地，还可分别采用不同颜色或形状的线条在通道上做出标志。

（四）利用光线或光线的变化做引导

由于一般情况下，人都有避暗趋明的心理，采用天然光线或人工照明，调整各部分的照度，也会产生引导的作用。

七、空间的延伸与借景

（一）空间的延伸

空间的延伸是在相邻空间开敞、渗透的基础上，做某种连续性处理所获得的空间效果。具体手法常有两种，一是使某个界面（如顶棚）在两个空间连续，二是用陈设、绿化、水体等在两个空间造成连续。这种延伸使人产生空间扩大的感觉。

（二）空间的借景

通过在空间的某个界面上设置门、窗、洞口、空廊等，有意识地将另外空间的景色摄取过来，这种处理手法就叫借景。为了取得良好效果，对另外空间的景色要进行剪裁，美则纳之，不美则避之；此外，开口处如同取景框，也要研究它的大小、形状和比例。

八、空间的系列

建筑空间组合应考虑人的行为模式。人的活动往往是在一系列空间中进行的，有一定顺序，这就构成了空间的系列。

（一）空间系列的组成

1. 起始阶段
这是空间系列的开端，应对人有吸引力，使人产生好印象。

2. 高潮前的过渡阶段
这是起始与高潮之间的阶段，应起到引导、启示，使人产生企盼的作用。

3. 高潮阶段
这是空间系列的核心，要做重点的艺术处理，充分满足人的审美要求。

4. 高潮后的过渡阶段
这是高潮与终结之间的阶段，应使人从审美所产生的激情中逐渐平静下来。

5. 终结阶段
这是空间系列的收尾，应使人有余音袅袅的感觉。

（二）空间系列的设计手法
不同的建筑应采用不同的空间系列，其设计手法也不一样。

1. 系列的长短
行为模式要求快捷高效的建筑应采取短的空间系列，如交通建筑。这时，过渡阶段很短，甚至可能已不明显。行为模式要求流连忘返或精神功能特别突出的建筑应采取长的空间系列，如风景建筑、纪念性建筑。这时，过渡阶段变长，出现若干层次，甚至出现小高潮。

2. 系列的布局

空间系列的布局分规则式与自由式两大类。前者庄重，后者活泼，规则式布局可以是对称的，也可以是不对称的。空间系列所形成的流线可分为直线式、曲线式、循环式、迁回式、盘旋式、立体交叉式等。空间系列的布局方式应与建筑的性格相一致。

简单的建筑可以采用一个空间系列。复杂的建筑可以在安排好主要空间系列的基础上，再辅之以若干个次要的空间系列。

3. 高潮的选择

人们总是选择最能代表建筑使用性质、最吸引人流的主体空间来作为空间系列的高潮。在短系列中，高潮宜靠前；在长系列中，高潮宜稍靠后，以增强人的期待。空间系列中的各空间既要协调统一，又要对比变化，特别是高潮更应强调对比，以提高其艺术表现力。

第七章　建筑造型设计

建筑造型包括体型、立面、细部等，是建筑内部空间的外部表现形式。从个体建筑、建筑群，直至整个街道、城市，建筑造型经常地、广泛地被人们所接触，给人以深刻的印象，影响着世代栖居的人们。历史上遗留下来的许多年代悠久的重要建筑物，反映了当时社会的生产力和生产关系，反映了劳动人民在技术、艺术等方面的成就，是人类社会少有的活的历史，因而作为宝贵的民族文化遗产而加以重视和保护。我国举世闻名的长城和故宫至今被人们所称颂。当前，我国正处于国民经济的快速发展时期，建设呈现出一片欣欣向荣的新气象，建筑事业将以更高的质量和更高的速度向城市现代化方向突飞猛进。建筑造型设计是整个建筑设计中的一个重要组成部分，它直接体现了城市面貌和反映了人们物质生活和精神生活水平，在国际、国内都有重要的、深刻的影响。我们应该不辜负时代赋予我们的希望和历史重任，努力学习和研究适合于现代化要求的建筑体型、立面设计，探索建筑艺术表现的客观规律，掌握建筑形象创作的基本特点和方法，在实践中不断总结经验，进一步提高建筑造型创造水平，为创作更多更好的反映新时代、新风格的建筑而努力。

第一节　建筑造型艺术特征及其分类

建筑造型是指构成建筑形象的美学形式。建筑造型的形态，既受建筑所处的环境条件的制约，还受建筑功能要求的影响，而且建筑造型与其他艺术造型形式相比又具有抽象的特征，即建筑造型在大多数情况下只能采取非抽象的象征形式，因此只能通过造型形式的各种关系要素，诸如色彩组合、方向变化、光影处理、虚实安排、质感差异等抽象的构成形式来创造某种抽象的心里感觉，如庄重、肃穆、明朗、轻快、大方、高雅等，而不便于用典型的具体形象来隐喻任何事物、事件和思想。当然也有极少数建筑采用具体形式，选用某种典型形象来隐喻某种事物（如海螺、风帆、贝壳），从而使人们产生某种联想和情感。

建筑造型要反映建筑个性特征；要善于利用结构、施工的技术特色；要适应基地环境和群体布局的要求；要符合建筑美学法则；要与一定的经济条件相适应。

一、建筑造型艺术特征

建筑造型设计应该在平面空间设计的基础上对建筑表现形式从总体到细部做进一步的研究、协调和深化，根据现代建筑的基本特征，建筑形式应能充分反映建筑内容，达到形式和内容的完善统一。这就要求我们首先对建筑造型艺术有充分的深刻认识，掌握设计建筑造型艺术的基本特点和要求，才能为造型创作开辟正确的道路。

（1）建筑首先是为了满足人们生产、生活的需要而创造出的物质空间环境，是根据功能使用要求，在一定的历史条件下采取某种技术手段，使用某种材料、结构方式和施工方法建造起来的。一个建筑物的空间大小、房间形状、数量、门窗的安排以及平面的组合、层数的确定等首先要以满足空间的适用性、技术的经济合理性为前提，建筑外部形体也就必然是内部使用空间要求的直接反映，建筑造型设计就是对按一定材料、结构建立的使用空间实体的直接经营和美化，离开了这个基点，所谓建筑艺术也就不复存在。建筑的艺术性寓于其物质性，这是区别于其他造型艺术（如雕刻、绘画等）的重要标志之一，但是没有形式的内容也是不存在的。因此建筑造型设计不能简单地理解为形式上的表面加工，也就是说它不是建筑设计完成的最后部署，而是自始至终贯穿于整个建筑设计中，需要在功能使用关系和生产技术规律中去探索空间组织、结构构造方式、建筑材料运用等方面的一系列的美学法则。科学技术性和艺术性的融合、渗透、统一是建筑造型设计的主要特点，也是评判建筑美观的重要条件之一。

（2）虽然建筑的产生是基于实用的目的，但随着社会生产力的发展和科学文化、艺术的不断进步和提高，建筑不但成为社会的重要的生活资料和物质财富，而且也以其特有的艺术魅力跨入上层建筑领域，和其他艺术有着密切的联系和广泛的影响，在一定程度上，成为社会精神、文化的体现。建筑艺术为所处时代大众所接受和喜爱，反映人们的崇高思想感情和精神面貌，反映时代社会、经济、文化的重要特征。建筑是艺术性和大众性的结合，物质和精神的统一是建筑艺术创作的根本方向。既要充分重视和发挥建筑艺术的意识形态职能和作用，又要使建筑艺术形象的表现不脱离物质技术条件的制约，这是创作建筑艺术形象的正确道路，也是建筑艺术真实性、纯洁性的具体表现。

（3）建筑可以借助于其他艺术，如绘画、音乐、雕塑等来加强思想内容的表达和艺术形象的表现力，但应该主要以其自身的空间实体，通过建筑所特有的手段和表达方式，来反映建筑形象的各种具体概念，诸如宏伟、肃穆、壮丽、韵律、挺拔、雅静、轻快、明朗、简朴、大方等等，充分发挥建筑艺术的独特作用。因此只有根据不同的建筑性质和类型，结合地形、气候、位置环境等条件，利用材料、结构构造的特点，按照建筑艺术造型的构图规律来反映建筑的不同性格和艺术风格，才能创造具有强烈感染力的建筑艺术形象，发挥其他艺术所无法达到的巨大的精神力量。但是企图超越建筑形象所能达到的种种不切实际的苛求，也会把建筑艺术创作引入歧途。

（4）由于不同国家的自然和社会条件、不同的生活习惯和历史传统等各方面的因素，使建筑常常带有民族和地方色彩，并对建筑形式的发展产生深刻的影响。建筑的民族形式就是在这样长期的历史发展过程中逐渐形成的，但是任何建筑都是一定时代的产物，建筑形式必须随着时代的进步而发展，建筑形式和内容是辩证统一的。我国人民在建筑创作上有很高的造诣，在古代的许多宫殿、庙宇、园林、民居等建筑中都凝结着劳动人民的无穷智慧，闪耀着不朽的建筑艺术光辉。既要继承和发扬我国民族的优良传统，又要根据现代条件和时代要求进行革新和独创是建筑造型设计中的又一重要内容。

（5）一个建筑的完成，需要各专业、各工种的密切配合，需要设计、施工队伍的集体协作，需要消耗巨大的人力、物力，因此建筑业的综合性和经济性对建筑造型设计比其他艺术具有更直接的关系，新工艺、新设备、新技术、新材料的发展和运用都会对建筑造型带来深刻影响。现代建筑的艺术观总是和经济性、科学性以及反对陈腐的建筑美学观念联系在一起，在各国许多创新的建筑造型设计中都充分表现了这一点。因地制宜，就地取材，充分利用建筑材料本身的质地色泽，力求使用空间和艺术造型的统一、构造构件和装饰构件的统一、建筑构图和工业要求的统一，是建筑造型发展不可抗拒的潮流。衡量建筑艺术的优劣，不是由造价的高低来决定的，从简单朴实中求美、经济节约中求好，是建筑造型设计中艺术性和经济合理性统一的重要途径。

二、建筑造型的分类

根据上述建筑造型艺术基本特征，分析古今中外的建筑造型创作，归纳起来，大致可分为如下五大类：

（1）雕塑式建筑类型：运用雕塑艺术的手法，采用雕、剔、挖的方法来塑造建筑的体型。这种造型使人感到棱角分明、凹凸光影变化丰富，立体感强，具有艺术表现力。

（2）组合式建筑造型：按照一定的顺序或方法，将各个不同形式的建筑部分或单元体，通过造型手段，组合成一个有机的整体建筑造型。这种造型有较强烈的规律性，次序感强，从整体到局部都体现出有机的联系。一些体量庞大的建筑或建筑群通常采用这一方式。

（3）装饰类建筑造型：通过符号拼贴、店标、招牌、标记、材料、色彩等建筑装饰手段来塑造建筑造型。它构思新奇、趣味性强、形式多样化，往往能在周围环境中脱颖而出、独树一帜，形象不拘一格。这类建筑造型多用于商业建筑、游乐建筑等。

（4）结构类造型：现代建筑结构不断推陈出新，给建筑带来了结构技术美。这种造型主要依靠建筑结构逻辑、力度和稳定性等方面表现了力和结构的逻辑美。在一些大型公共建筑、大跨度空间结构建筑往往采用这种形式，反映结构技术的创新，呈现出独特的建筑形象，如澳大利亚悉尼歌剧院、香港中国银行大厦等。

（5）文脉类建筑造型：它是从地域性的民族文化传统中提炼出造型的原始语言和符号，然后把这些造型符号与现代造型规律和现代审美观念糅合在一起，从中提出新的、与民族文化共有血缘关系的本土建筑造型形式来。这种造型通过本土建筑文化梳理，力求创作具有地方特色的建筑，而别具一格地屹立于世界建筑之林。

除了上述五大类建筑造型外，也还有其他的类型，如广告型，即运用广告的手法使建筑造型具有很强的广告性；具象型，即运用具象的手法使建筑造型具有现实生活中具体生物或物品的形象等。随着社会的不断发展，建筑造型在不断地推陈出新，新的造型手段将会层出不穷。

第二节　建筑造型构思和构图

在建筑造型设计中，对建筑艺术特点进行深刻的分析，有利于树立正确的建筑美学观和掌握设计的原则和要求，使建筑造型设计具有明确的方向，但它并不能代替造型设计的具体创作，建筑艺术形象的创造是建筑造型设计的中心内容。

建筑造型设计涉及的因素很多，是一项艰巨的创造性劳动，理想的设计方案是对各种可能性进行探索、比较，再运用系列的构图手段来实现的。

一、建筑构思

建筑形象的创造关键在于构思，只有在对各种设计的条件进行深刻的分析和正确的理解，抓住问题的关键和实质后，以丰富的想象力和坚韧的首创精神，运用建筑语言所特有的表达方式和构图技巧，开辟新的道路才能创造出具有深刻思想和卓越艺术性的完美统一的建筑形象。成功的构思虽然成于一旦，实渊源于对建筑本质的精谙、坚实的美学素养与广泛的生活实践。

建筑结构形式的变化、建筑功能的更新、自然环境的差异、审美观念的进步、传统形式的革新、建筑理论与设计手法的发展等都会从各方面来影响建筑造型。

富有雕塑感、运动感的日本代代木体育馆造型与独特的悬索结构有着不可分割的联系。位于巴西利亚的巴西利亚大教堂是一座造型奇特的伞形教堂，它没有通常的高尖屋顶，而是 16 根抛物线状的支柱支撑起教堂的穹顶，支柱间用大块的彩色玻璃相接，远远望去如同皇冠。

以架空地面、巨型构件的大胆设想，产生格鲁吉亚梯比里斯公路工程部大楼那样使人耳目一新的新建筑造型构图；以轻型金属盒子单元为构思的装配式公寓创造了不同凡响的日本中银舱体楼；利用钢筋混凝土挑台室作为悬岩状架于旷野山泉之上，与自然结合，宛如天成、意境清新、风格高雅的莱特流水别墅，最有力地说明建筑构思上建筑造型创作的灵魂。建筑形式总是伴随着建筑内容直接地、合乎逻辑地反映出来，以新的内容求新形式，这样的创造方法早已被人们所熟悉，但是建筑形式的表现绝不是被动的，建筑创作也不只是形式追随内容这一条路。举世闻名的澳大利亚悉尼歌剧院在与环境结合上以其无法代替的独特造型博得广大群众的赞赏。还有其他许多杰出的纪念性建筑，如印度的泰姬陵，建在一个很高的四方平台上，具有雄伟壮观、肃穆端庄、平易近人的建筑形象。又如黑用纪章的巴黎德方斯太平洋大厦，这座大厦将日本式门形象地作为"城市大门"，大厦的高度以及门的形象与德方斯拱门放在一起又很好地与环境相协调。建筑的构思表达了"城市屋顶"的形象。大楼立面上的幕墙表达了日本建筑中的推拉门的形象，而弧形的墙面则表达了欧洲砖砌建筑的传统，顶层的日本式庭园中有一间茶室，人行天桥取自日本式拱桥的砌建筑意象。总之，这一建筑从各个方面表达日本文化与欧洲文化的共生。凡此种种都说明建筑形象的创造何等重要，建筑造型创作从孕育、生长到成熟的过程又是何等艰巨。

建筑的形式和内容，形象思维和逻辑思维在创作时总是相互交错，有时结合，有时分离，有时此先彼后，有时此后彼先，直到最后相互协调为止，任何条款、公式乃至法令都不能禁止人们思想的自由驰骋。建筑创作的成败与创作方法不无关系，但最终还应以社会实践和客观效果为标准，世界上一切事物的偶然性总是经常作为对必然性的一种补充。

二、构图要点

建筑构思需要通过一定的构图形式才能反映出来，建筑构思与构图有着密切的联系，在建筑形象创作中应是相辅相成的，但在现实创作中并非如此简单，有时想法（构思）很好，但所表现出来的形象（构图）并不能令人满意；反之，有时许多建筑虽然大体上都符合一般的构图规律（如统一变化、对比、韵律、重点……），但并不能引起任何美感。这说明构思再好，还有表现方法问题、途径的选择问题、、建筑美学观的认识问题；运用同样的构图规律，在美的认识上、艺术的格调上、意境的处理上还有正谬、高低、雅俗之分，建筑形象的思想性与艺术性结合的奥秘就在于此。由此可见，建筑构图是研究建筑形式美的规律与方法。它应以建筑构思为基础，通过形式美的原则来研究建筑造型问题，但随着当今社会审美认识的不断演变和发展，构成学、格式塔心理学等一系列造型方法在建筑造型上的应用，新的造型方法还会不断涌现。故形式美的规律虽有自己一系列的研究范畴，但它不能代替建筑上和美学上的一切问题，因此建筑构图是建筑造型的基础，是建筑设计中的重要组成部分，同时也作为具有相对独立性的一门系统科学——建筑构图学。建筑构图包括平面构图、形体构图、立面构图、室内空间构图以及细部装饰构图等方面，并统一于整个建筑设计之中。虽然在处理不同类别的构图中，各有特点和侧重，但构图的基本原理都是一致的，现择其要点述之。

楼梯平台常和一般房间相差半层。凡此种种在立面上都会反映出统一或变化的形式来。此外为了有利于工业化的生产，也要求建筑、结构的设计尽可能地采用统一的构件和统一做法，这些统一因素在外形上也必然会反映出来；另一方面，就整个建筑总体来说是由一些门窗、墙柱、屋顶、雨篷以及阳台、凹廊等各个不同部分组成的。这些不同的内容和形式在外形上也必然会反映出多样性和变化性，因此，如何处理好统一和变化之间的相互关系就成为建筑构图中的一个非常重要的问题。所谓"多样统一""统一中有变化""变化中求统一"，都是为了取得整齐、简洁而又免于单调、呆板，丰富而不杂乱的完美的建筑形象。统一和变化不仅是建筑构图的重要原则，也是其他艺术处理的一般原则，因此具有广泛的普遍性和概括性，许多其他建筑构图原则都可以作为达到统一和变化的手段。例如，建筑构图中的"对位"和"联系"常达到统一的手段，因为"对位"和"联系"一般是通过轴线关系反映出来的，没有对位，取得联系就较困难，没有一定的联系，也很难达到统一；反之，与"对位"和"联系"相对的概念，即"错位"和"分隔"常作为统一中取得变化的另一手段，如西班牙的苏格兰议会大厦，立面的透空隔板与木质实面隔板以及隔板上的装饰金属杆，各自都在上下左右形成"对位"与"错位"，取得统一中变化的效果。但统一和变化也是有条件的，在不同的情况下有不同的要求，例如某住宅，采用相同的凹廊和栏杆形式，只是将栏杆的虚实部位错列布置而达到统一中有变化的效果，给人以非常简洁而又不单调的感觉。而另一例子，如北京漏明墙窗，在统一的布局，大小基本一致的情况下，一窗一个样，充分反映了园林建筑步移景移、变化多趣的基本要求。这两个例子都是遵循了统一与变化的原则，但由于不同的目的和要求，处理的手法就有所不同。如果把后一例子的处理手法用在前一例子，或者把前一例子的处理手法用在后一例子势必造成各失其趣。由此可见，对设计的目的性来说，统一和变化也只是一种手段而已，任何构图原则都应作如是观。

（一）对比

在两物之间彼此相互衬托作用下，使其形、色更加鲜明，如大者更觉其大，小者更觉其小；红者更觉其红，绿者更觉其绿，给人以强烈的感受、深刻的印象称为对比。运用对比可以在程度上有所不同，可强可弱，对比强，变化大，感觉明显，强烈的对比起到醒目和振奋精神的刺激作用，建筑中许多重点突出的处理手法，往往是采取强烈对比结果；而对比弱则变化小，感觉不甚明显或者达到相互接近，而取得近似以至统一的效果，从而给人以彼此和谐、协调、呼应、平静的感觉，因此在建筑设计中恰当地运用对比的强烈程度是取得统一和变化的重要手段。当然，在某种环境条件下，由于对比作用造成视觉上的变化、变色，影响对物体大小、形状、色彩等的实际效果，在设计时同样应予以注意，可有意识地加以利用或矫正。在建筑中许多相对的因素都可形成对比。

1. 数量上的对比

大小、长短、粗细、高低等的对比都是属于数量上的对比，在建筑构图中为了突出其大，常以小者比之；突出其长，常以短者比之……这类对比手法从建筑总体至局部都有广泛运用。我国传统建筑常表现为突出中心，如太和殿中间的入口、开间都比两边要大。又如美国摄制中心大楼通过对每开间的窗子分划，形成粗细线条的对比和窗子大小的对比。

许多建筑为了突出建筑主体部分的空间高度,常采用上部高下部低的二段体对比方式,如南京五台山体育馆、福州火车站等,此外不少建筑和建筑群利用高低层结合方式,达到明显的高低对比效果,如马来西亚国会大厦。上海某沿街高层公寓建筑群数量上的对比和建筑的比例、尺度有密切的关系,对整个建筑造型有很大的影响,需要细致地反复推敲。

2. 形状对比

形状对比是取得突出重点和变化的又一手段,如巴黎圣母院依靠门窗在形状上的对比使得整个立面处理既和谐统一又富有变化。古罗马大斗兽场在立面处理上运用了石券与柱结合的形式,每一个开间都采用有线。弧线相对比,大大地丰富了立面,避免了椭圆形的平面内成的体形可能出现的单调。

日本爱媛县科学博物馆建筑造型采用了方形、圆锥形、三角形、球形、圆弧形等几何形体。形状对比强烈但又与周围环境形成共生关系。深圳国际技术创新研究研发大楼采用了其高矮对比和方圆对比,使体形组合具有生动活泼的效果。

巴西利亚国会大厦的两座楼并立,中间有过道相连,成"H"形。国会大厦前的平台上有两只硕大的"碗",一只碗口朝上,是联邦众议院的会议厅;另一只碗口朝下,是参议院的会议厅,以极强烈的横、竖向对比,形状对比,直线与曲线的对比使建筑产生极强烈的性格特征。

3. 方向对比

方向对比常常是获得生动活泼的造型和韵律变化的一种处理手法,许多交错式构图往往都是采用这种对比,例如莱特流水别墅,其体型上的方向对比带来受光面和阴影面相互衬托、层次清晰的空间效果。

人民英雄纪念碑平缓的台基和高耸的碑身的对比作用更加烘托出纪念碑的雄伟高大。各种线脚、装饰的细部处理也充满了水平和垂直两个方向的对比与变化。荷兰希尔弗瑟姆市政厅充分利用塔楼的竖向体量与其他部分横向体量的强烈对比打破单调,显得更加丰富。

4. 虚实对比、开敞与封闭对比

虚实对比在建筑构图中运用最为广泛,例如上海博物馆在入口处采用富有装饰性的大片实墙,虚实对比使入口非常突出。

勒·柯布西耶设计的萨伏伊别墅作为"现代建筑"经典作品之一,大胆运用虚实对比,底层架空,开敞且开放,上部实墙封闭而实在,两者对比获得强烈的光影效果。

虚实对比在现实设计中,常按虚实之间的面积比例搭配,分为以虚为主、以实为主和虚实相间三种处理方式,以求不同的造型效果。以虚为主使建筑造型轻盈而飘逸;以实为主使建筑造型厚重而庄严;虚实相间则使建筑造型变化丰富而活泼。

5. 简繁疏密对比

简繁对比往往是建筑上重点装饰的必然结果,例如上海广播电视塔"东方明珠",为了突出入口部分，正面集中的成片装饰性雨篷与简洁的墙体形成鲜明的对比；造型简练、富有线条美的北京五塔寺稀疏浅薄的台座线条与浓影密檐形成鲜明的疏密对比，使得基座感觉更为坚实而五塔感觉更为轻盈；深圳期货大厦办公用房部分的密格窗格与交易大厅疏松简单的窗格形成简繁疏密对比，突出了建筑主体部分。现代建筑一般趋向于简洁，但也并不排除结合建筑的使用需要，便于施工、生产富有装饰性的标准化构件在建筑重点处理上的运用。

6. 集中与分散对比、断续对比

通过对建筑物的某的部件在组织上的集中和分散而形成对比以突出重点，例如哈尔滨铁路局，通过窗子的集中和分散对比以突出入口部分。又如四川大学某宿舍楼，通过外部楼梯的集中布置，以强调建筑的交通空间流线。断续对比也是取得变化的一种常用手法。

7. 光影明暗对比

建筑上虚实、凹凸处理形成光影明暗对比，可以得到生动的效果，特别是对于大片实墙面来说可以避免平板、单调的效果，如苏联伏龙芝军事学院。卡彭特视觉艺术中心的外立面处理成锯齿形遮阳立面，由此产生强烈的光影对比。莫比奥住宅也对实墙面加以装饰，增强光影以改变单调的感觉。

8. 色彩与材料质感对比

不同的材料与不同的做法形成色彩、光泽和质感等方面的对比，以取得变化和突出重点是建筑设计的重要处理手法。例如，上海体育馆用鲜红色的入口号码与蓝色吸热玻璃对比，来突出入口重点。

由著名建筑师勒·柯布西耶设计的马赛公寓大胆地把凹廊两侧的墙面涂上色泽鲜明、纯度很高的色彩，从而避免了居住建筑的单调。

由莱特设计的西塔里埃森利用具有极其粗糙的质感的天然石材与光滑的抹面和木材形成对比，丰富了质感变化的效果。

9. 强弱刚柔对比

一般说来线直者挺、线曲者柔；线粗者强，线细者弱。通过形状、虚实大小等的综合运用形成强弱刚柔对比也是建筑设计构图技法之一，如郎香教堂柔性富于动感的黑色大屋顶与垂立硬朗的白色墙边线形成刚柔对比。而勒·柯布西耶设计的迪加尔市政厅通过垂直线条和弧形屋面形成了明显的强弱刚柔变化。

10. 人工与自然的对比

对于天然材料不加修饰或略加修饰以保留其自然的形态、质感、色泽利用在建筑上，使之具有纯净朴素的自然美。若将其经人工精心制作则反映出人类的技艺与智慧的人工美。如果将它们结合在一起就能达到自然中显精巧、文明中存野趣的别开生面的对比协调效果，二者在现代室内设计和园林建筑中运用较广。此外，在一定条件下，也可人工自然化或自然人工化，以取得自然和人工结合的特殊效果，如可以将绿化布置裁剪成集合形状，或将建筑某些局部仿自然形式，如将柱子做成树干形状，或把楼梯踏步铺成山石形状等。

（二）节奏韵律

建筑中的某一部分做有规律的重复变化，在视觉上也能产生类似音乐、诗歌中的节奏和韵律效果。由于它的重复和连续作用，像音乐中的主题反复出现一样，给人以深刻的强烈印象。如果把"对比"作为反衬之法喻之，那么"节奏和韵律"则是正衬之法。没有变化的简单重复，节奏单纯、明确，给人以鲜明的印象，在重复的情况下做有规律的变化，节奏因变化才感觉丰富而有韵味，如音乐剧情之有起伏、有缓急、有高潮。一定数量的重复是产生节奏和韵律的基本条件，掌握较易；有规律地变化是对节奏和韵律的修饰、调整和补充，掌握则难。英国伦敦国家剧院由于几层露台与电梯井、通风井的互相纵横穿插，使立面上水平线条有长有短、有断有续、有疏有密，这是重复中变化而形成韵律的杰出例子。

建筑中的节奏韵律和音乐、诗歌中的节奏韵律一样，表现形式是多种多样的。但在建筑中重复的形式主要取决于建筑、结构、构造、造型等方面的要求和组织布置方式。重复的形式一般有平行式、交错式、阶梯式、盘旋式、放射式、循环式等等。变化的形式表现为下列几种情况：

1. 构件排列上间距的变化

重复部分的排列不同，造成不同的节奏和韵律效果。有等距和非等距排列、恒等和非恒等排列，例如福州火车站列柱为等距、恒等排列式的一种简单重复，没有变化；而1937年巴黎博览会苏联饰，阶梯形重复方式为不等距、非恒等的造型构图。此外某些建筑物的阳台、窗子在布局上也常有类似的变化方式，由于间距排列的不等距，非恒等的排列形成重复中出现松紧、缓急、起伏、跳跃等现象，而使节奏丰富而耐人寻味，犹如某些古词中句子有长有短，有韵律而非句句押韵，如英汤姆·科林斯住宅的阳台布置就充分体现了这一点。

2. 构件自身的变化

构件自身的变化有两种情况，一种是数量上的增加或减少，以白线或曲线的规律进行，从而形成韵律由强到弱或由弱到强的效果，例如北京太和殿门洞以及我国许多古代塔寺；另一种是形式上的变化，例如北京漏明墙窗，它的布局和大小规格基本上是一致的，边框的处理手法也是相同的。这些相似方面的重复仍然会形成节奏和韵律，但在此范围内每个窗洞各有各的形式，在重复中有所变化，造成丰富多彩的效果。这和我国古代建筑中屋脊上按一定规律布置，但形状不相同的仙人走兽所产生的韵律有类似的地方。

此外，由于建筑是空间艺术，因此韵律的组织可以通过三度空间进行变化，使建筑造型在韵律变化上可以取得更多的变化手法。例如前苏联巴库十六层塔式试验住宅，在平面上的阳台采用简单的阶梯式变化，而在垂直方向上的阳台则采用间隔使用栏板的交错式变化，从而在形体上形成特有的斜向韵律效果。

（三）联系和分隔

联系和分隔也是取得统一和变化的重要手段。在建筑整体和局部之间、局部和局部之间，这一部分构件和那一部分构件之间，为了取得彼此协调、统一、相互呼应，从而形成一个完整的、不可分割的统一整体，常常需要采取一定的联系处理手法。通常有两种方法：

（1）通过第三者作为联系的手段，如体积之间的联系常通过"过渡体"的连接形成统一的整体。许多建筑利用廊子把不同大、小、分散的体积联系成一完整的整体，大连机场候机楼采用平台把不同高低大小的体积联系起来，许多沿街的底层商店常常起到联系居住建筑群的作用。在立面处理上常利用水平或垂直构件，如遮阳板、商台线或其他装饰杆件或脚线，使立面上各部分取得联系，并强调水平或垂直方向的效果，如北京某住宅用水平脚线使阳台、窗子在水平方向取得联系。

（2）通过建筑某部分或某构件自身在色彩、造型、材料或构造做法等方面的某些相同处理，使彼此产生共同点，从而达到相互呼应、协调、联系的作用。如果把第一种联系方式称为外在联系，那么，这种联系方式可称为内在联系。内在联系就无通过第三者为联系的手段。例如，澳大利亚悉尼歌剧院通过造型上的一致性取得不同大小和分散的体积之间的联系反映立面上取得联系的例子。正是由于这类联系性，统一性才具有韵律的可能。外在联系常常要求构件之间取得一定的对位，而内在联系则和对位无关。

和联系的概念相反就是分离、分隔，使彼此脱离关系避免在各部分之间产生混乱现象而影响建筑的完整性，通过分隔也常常获得对比效果，从而使统一中有变化。例如，深圳某住宅通过突出各单元楼梯间的简洁、垂直线条的分明，使立面取得简洁完整的效果。

（四）比例与尺度

比例是指建筑物各部分之间在大小、高低、长短、宽窄等数学上的关系。尺度则是指建筑物局部或整体，对某一物件（可以是人，也可以是物）相对的比例关系。因此相同比例的某建筑局部或整体，在尺度上可以不同（可以作为若干倍数关系）。

建筑物的空间及其各部分的尺度和比例，主要是由使用功能和不同材料性能、结构形式确定的，不同类型和性质的建筑在尺度上和比例上都有不同的要求和相应的处理方法。例如，许多公共建筑，如车站、商店等开间进深大，层高常采用钢筋混凝土框架结构，在立面上反映出一系列柱子和大片窗子和宽阔、开敞的出入口，而许多居住建筑，由于面积小，相应的开间进深、层高也都较小，而常采用砖石或混合结构，在立面上反映出较多的实墙面和较小的窗子和出入口，因此在建筑的尺度和比例上显示出很大的区别。

此外建筑上某些部件根据人体工程学要求常得出较为固定的尺寸，如楼梯踏步高一般在15~17cm之间，宽一般在25~30cm之间，一般的窗台栏杆高度常在90cm左右，门的高度常在2m左右等等，如果任意改变就可能不适用，也不习惯。对生活中常见的不同性能的材料（如木、石、金属、混凝土、玻璃等），在使用上也会有合乎逻辑的比例概念，人们在日常使用中形成的这些习惯、固定的尺度和比例，就能对不同的空间和物件有很敏锐的尺度感和比例概念。由此可见，人们对建筑物尺度、比例的不同感觉，除了建筑物的绝对尺寸外，还要通过与某些习惯、固定的比例概念相比较而获得，而后者在建筑构图中显得格外重要，即要正确处理好各部分之间的相对尺度；大小、长短、高低、宽窄等都是通过比较显示出来的。如果对建筑物上的某些部件大小处理不当，就会影响整个建筑的比例，从而影响对建筑物的尺度感。例如某些大型公共建筑，虽然绝对尺寸很大，但如果比例关系处理不当，仍然会给人感觉像很小的建筑物，从而失去了应有的宏伟效果。相反如果某些居住建筑在尺度、比例上处理不当，如门太大、空间过高，也会失去居住建筑应有的亲切感。对建筑形式不加分析地任意搬用、抄袭，不注意人的心理、习惯影响，常常是失去建筑特性和良好比例及尺度的重要原因之一。

除了建筑物的比例和尺度有密切的联系外，建筑物整体和局部、局部和局部的比例关系都应仔细推敲以达到统一、完整、协调的效果，同时应充分利用比例关系和尺度使建筑造型获得良好的形象。

不同的几何形体，如方、圆、三角形、多边形、矩形等在实践中都有所运用。如毛主席纪念堂从建筑平面、柱子断面、窗格划分，以及吸顶灯造型等都以正方形为基调，"方"形本身含有极其端正的造型含义。建立在同心圆基础上的北京天坛祈年殿具有强烈的向心感而使建筑主体中心非常突出。我国传统的月洞门给人以非常突出醒目的效果，如苏州狮子林园门。埃及的三角形金字塔给人以无比稳定壮观的感觉。上海金茂大厦也以向上收分的梯形塔而具有稳定宏伟的特点。正方形、圆形、等边三角形、等边五角形等，它们的比例关系是固定不变的，只有尺度大小之分，因此在造型上减少了许多麻烦，常为许多建筑师乐意和首先考虑采用。但矩形的变化很多，而且在建筑中运用最广，因此历来就有人对长方形的比例进行研究，一般认为有良好比例的"黄金率"就是这样产生的。

但实际上任何抽象的孤立的几何形体离开了所表现的内容就没有任何意义。抽象的几何形状，只有当其组成美丽的图案或赋予某种美好联想时，才具市有力。建筑构图中脱离内容的抽象的比例美，一般很难使人理解。

具有不同大小形状的相似形，由于"比率"相等形成比例关系上的统一。但也不能离开建筑所表现的内容要求来分析，并且应该从实际效果出发，以最醒目的分界线所形成的几何形体作为研究，分析比例关系的主要对象，如虚实之间、前后凹凸之间、不同材料和色彩之间的分界线以及建筑外轮廓线等。因为具有醒目的分界线范围内所形成的比例才会使人具有明确、强烈、直接的感受，它们自身的比例关系才能真正起到影响人们的视觉的作用。

建筑物的比例关系是其他建筑构图艺术处理的基础，凡是韵律对比、联系等都离不开正确的尺度和良好的比例这个基本条件。熟悉现实生活中存在的各种不同的尺度和比例对造型的关系，分析和掌握自然界和其他造型艺术中比例尺度对美感的影响，触类旁通，有助于在建筑构图中对比例尺度概念的深化和正确运用。

（五）均衡与稳定

均衡与稳定既是力学概念也是建筑形象概念。因为如果一个建筑物看起来摇摇欲坠，或动荡不安、紧张吃力，处于险境，就很难谈得上美观问题，因此均衡与稳定也是建筑构图中的一个重要原则。建筑物的均衡给人以安定、平稳的感觉，如挑担子一样，如果一头重一头轻，使人感到很吃力。建筑物的稳定给人以安全可靠，坚如磐石的效果。均衡和稳定也是相互联系的。

在处理建筑的均衡、稳定时，不但要考虑整个建筑的前后、左右、上下，体量大小的布局和组织关系，还应考虑质量的轻重感的处理关系。例如，一般说来墙、柱等实体部分感觉上要更重一些，门、窗、敞廊等空虚部分感觉要轻一些；材料粗糙的感觉要重一些，材料光洁的感觉要轻一些；色暗而深的感觉要重一些，色明而浅的感觉要轻一些。此外经过装饰（如绘画雕刻等）或线条分割后的实体比没有处理的实体，在轻重感上也有很大的区别。

对称式的建筑是必然合乎均衡条件的，但前后左右绝对对称的建筑还是比较少，因此不对称的均衡处理至为重要。一般常以视觉上最突出的主要入口或交通口作为平衡中心，采取不同大小体量之间的平衡，高低之间的平衡，以及虚实之间和大小色块分布之间的平衡达到不对称均衡的目的。

建筑物达到稳定往往要求较宽大的底面，上小下大、上轻下重使整个建筑重心尽量下降而达到稳定的效果。例如许多建筑都在底层布置宽阔的平台或雨篷形成一个形似稳定的基座，或者逐层收缩形成上小下大的三角形或阶梯形状。但是由于现代新材料、新结构的不断发展，稳定的概念也随之发展，许多建筑并不拘泥于上述条件，例如许多上重下轻，上实下虚的底层架空的建筑，底层柱子像强劲的树干一样插入地基，同样给人以稳定、坚实的感觉。许多薄壳结构，虽然上大下小，但仍然给人以轻盈、活泼、稳定、新颖的效果，如北京石景山体育馆。

第三节　体型和立面设计

在进行建筑平面、空间组合设计时，就应注意到可能形成的建筑外部体型和立面效果，并根据建筑功能特点、环境条件和结构布置的可能性，对体型和立面进行研究和探索。

对建筑造型来说，体型和立面是相互联系密不可分的，建筑体型是建筑形象的基本雏形，它反映了建筑外形总的体量、比例、尺度等方面，对建筑形象的总体效果具有重要影响。但粗糙的雏形还有待于立面设计的进一步刻画和深化，才能趋于完善。体型和立面各有不同的设计特点和处理方法，但基本的构图原则是一致的，并且在设计时都应遵循构图原则，结合功能使用要求和结构特点，从大处着眼逐步深入每个局部和细部，进行反复推敲，相互协调，以达到完美统一的地步。

一、不同体型特点和处理方法

（一）单一性体型

这类建筑的特点，平面和体型都较完整单一，平面形式有各方均对称的，如正方形、等边三角形、等边多角形等，此外还有简单的矩形或其他形状，体型上常以等高处理。如日本大阪都岛区贝尔花园城 G 幢，虽有高低起伏，但仍是一个独立完整、不可分割的整体，如日本代代木体育馆，在体量上没有明显的主次关系和组合关系，整个造型统一完整、简洁大方、轮廓分明，给人印象深刻，富有雕塑感。

把复杂的功能关系、多种不同用途的大小房间，合理地、有效地加以简化，概括在简单的平面空间形式之中，便于采取统一的结构布置，是造型设计中一个极其重要的处理方法。在选择方案时应优先加以考虑。

（二）单元组合体型

单元组合体型是单一性体型的进一步发展，以便满足更大规模空间需要，把整体建筑分解成相同的若干单元有很多的优点，如便于分段施工和发展需要时任意拼装，而不影响整体造型和风格，因此在设计中得到广泛应用。由于体型工的连续重复而造成强烈的节奏效果。对于相同单元、相同高度组成的建筑整体没有明显的中轴线和体型上主次对比关系而给人以自然、平静、和谐、统一和连续不断的深邃感，这类建筑体型的特点要求单元本身有良好的造型及一定的数量，一般说来，宁长勿短，宁多勿少。

（三）复杂组合体型

这类体型的特点是由于各种原因不能按上述两种体型方式处理而使整个建筑由不同大小数量和形状的体量所组成的较为复杂的体型，因此在不同体量之间就存在着彼此相互关系的问题，如何正确处理这些关系问题是这类体型构图的重要问题。如果处理不当就如一盘散沙，成为杂乱无章的堆积物。一般说来首先应从整体出发，做好分析综合工作，将不同体量的数目减少至最低限度，然后将不同的体量分为主体部分和副体部分，或称主要部分和从属部分，使之有重点、有中心。只有通过体量的大小、形状、方向、高低、建筑形成中心。此外在组合上常利用不同大小、方法达到体型有起伏、轮廓丰富的效果。在处理不同体量间的均衡稳定关系时，不论对称或非对称式，一般均采取以主体为中心的多种多样的展开式布局方法，按照组合体量的多寡，或简或繁，以达到平衡稳定的效果。

（四）成对式体型

这类体型在构图中较为少见，因此也是常被人忽视的一种，它和第一类体型的不同点在于它是成双的不是单一的，它和第二类体型的不同点在于它不是考虑需要组合的单元体而是具有独立完整性的建筑，它和第三种体型的不同点在于它是等高的相同体型的组合。这类建筑造型的特点是采取或分或合的等体结对形式。没有主副体之分，因而也没有主体中心，符合自然的对称、均衡、统一、协调、呼应的构图原则，重复而不枯燥、独立而不孤单，从而给人留下深刻的印象，例如美国陛下公寓、苏州罗汉院双塔和美国芝加将玛嗣娜60层双塔式公寓。在此基础上还可发展成"三塔式""四塔式""五塔式"等变体造型，分析从略。

除了上面所说的几种体型外，也还有不少其他类型，如平面单一但并不是等高的而是形成阶梯形式的，或者平面较为复杂，但体型是等高处理的，这些类型处理比较简单，实践中也有较好的例子。

此外，在转角地段还有以主副体相结合的建筑体型处理方式和以局部升高的塔楼为重点的建筑体型处理方式。如果把等高的单一性转折体型称为整体式，那么后两种建筑体型就是组合体式。以主副体形式处理时常把建筑主体面临主要街道，一般在长度上或高度上均大于副体，而副体则起到陪衬作用而面临次要街道。这种由两三块体量组成的体型，主次分明、体型简洁，在公共建筑和居住建筑中的转角布置中都是常见的，适合于道路主次分明的交叉口。一般常作不对称形式处理。以局部升高的塔楼为重点的转角处理，由于把建筑的中心移向转角处，使道路交叉口非常突出、醒目，而常形成建筑布局的"高潮"，塔楼不但起着联系左右副体，而且常形成控制左右道路和广场的作用，是一般市中心、繁华街道，以及具有宽阔广场的交叉口处常常采取的主要建筑造型手法，以取得宏伟、壮观的城市面貌，此外在街道两边布置对称的转角塔楼还常作为重要道路强调其入口的一种处理方式。

除了上述三种情况外，还有许多其他的转折和转角的处理方式，如不同形式的单元体可以组合成各种不同的转折和转角方式。在高低起伏变化的山地也有许多相应的特殊处理手法，在体型组合上也可能比上述体型更为复杂，应结合具体条件，灵活处理。

二、体型之间的联系和交接

由不同大小、高低、形状、方向的体量组合成的建筑都存在着体型之间的联系和交接问题，虽然这是属于体型的细部处理，但它会直接影响建筑体型的完善性。

一般说来不同方向体型的交接以正交（90°）为宜，应尽量避免产生过小的锐角，因为产生锐角不论在房间功能使用上、室内外空间的观感上，以及施工操作上都会带来不利影响。如因地形关系造成锐角应尽可能加以适当修正，或者将锐角布置楼梯间、管井或辅助用房，留出较宽敞的使用空间。著名的现代建筑华盛顿美国国家美术馆东馆和加拿大温尼伯美术馆都是这样处理的。

此外在连接的方式上可以采取不同的处理，例如除了直接外，还可利用空廊等插入体作为过渡的连接，特别在进深大，直接连接在内部容易造成许多暗角时，或由于体量形状不同直接连接会造成结构上的某些困难和造型上的生硬感觉时，常常采用。一般说来直接连接给人以联系紧密、整体性强的效果，而过渡连接常给人以轻松空透的效果，并可以保持被连接体各自独立完整的建筑造型。

体型上的局部突起或升高，在立面上常形成"凸"字形、"L"字形或阶梯形，造成面的不定型性和不完整性。一个完整的、干净利落的体量组合，不管如何复杂，都应该能被分解成若干独立完整的简单几何体。所谓组合就是互相重叠、相嵌、穿插的关系，这样才能给人以体型分明、交接明确的感觉。

三、立面设计的空间性和整体性

建筑艺术是一种空间艺术，是立面设计师在符合功能使用和结构构造等要求的基础上对建筑空间造型的进一步美化。反映在立面的各种建筑部件上，诸如门窗、墙柱、雨篷、屋顶、檐口以及凹廊、阳台等是立面设计的主要依据和凭借因素。这些不同部件在立面上所反映的几何形线，它们之间的比例关系、进退凹凸关系、虚实明暗关系、光影变化关系以及不同材料的色泽质感关系等是立面设计的主要研究对象。一般在建筑立面造型设计中包括正面、背面和两个侧面。这是为了满足施工需要按正投影方法绘制的。但是实际上我们所看到的建筑都是透视效果，因此除了在建筑立面图上对造型进行仔细推敲外，还必须对实际的透视效果或模型加以研究和分析。例如各个立面在图纸上经常是分开绘制的，但透视上经常同时看到的是两个面或三个面。又如雨篷、阳台底部在立面图上反映一根线，而实际透视上经常可以看到雨篷或阳台的底面。而山地建筑，由于地形高差，提供的视角范围更是多种多样。在居高临下的俯视情况下，屋顶或屋面的艺术造型就显得十分重要。此外由于透视的遮挡效果和不同视点位置和视角关系，透视和立面上所表现的也有很大的出入。因此，由于建筑艺术的空间性，要求在立面设计时，从空间概念和整体观念出发来考虑实际的透视效果，并且应该根据建筑物所处的位置、环境等方面的不同，把人们最多最经常看到的建筑物的视角范围，作为立面设计的重点，按照实际存在的视点位置和视角来考虑各部的立面处理。

不同方向相邻立面关系的处理是立面设计中的一个比较重要的问题，如果不注意相邻立面的关系，即使各个立面单独看来可能较好，但联系起来看就不一定好，这在实践中是不少的。

对相邻面的处理方法一般常用统一或对比、联系或分割的处理手法。采用转角窗、转角阳台、转角遮阳板等就是使各个面取得联系的一种常用的方法，以便获得完整统一的效果。有时甚至可把许多方面联系起来处理以达到非常完整、统一简洁的造型艺术效果。分割的方法比较简单，两个面在转角处做完善清晰的结束交代即可，并常以对比方法重点突出主立面。

四、立面虚实关系的处理

"虚"指的是立面上的空虚部分，如玻璃、门窗洞口、门廊、凹廊、空廊等，它们给人以不同程度的空透、开敞、轻盈的感觉；"实"指的是立面上的实体部分，如墙柱、屋面、拦板等，它们给人以不同程度的封闭、厚重、坚实的感觉。在自然光线作用下，"虚"具有幽暗深邃的效果，"实"具有明亮突出的效果。

许多公共建筑恰当地安排整片玻璃窗，并通过玻璃看到内部，或者建筑底层或屋顶采取成排的柱廊布置，这些处理都给人以轻盈、开朗、深远的效果。不少居住建筑由于利用了凹廊或楼梯间的整片花窗和其他敞开式布置，使实中有虚，大大改善了窗子较小以及实墙面多的笨重感觉。悬挑部分采取开敞式，漏空遮阳和整片玻璃等"虚"的处理就不显得沉重。我国不少古代庭园建筑充分利用列柱、空廊、落地窗、漏花窗，使许多亭、榭、楼、阁轻快灵活、玲珑剔透。以虚为主，或虚多实少的明朗轻快格调在国内外都得到了广泛采用，如巴西利亚总统府。

但另一方面以实为主，或实多短少的建筑处理在造型也有它的独特性质和用途，例如我国天安门城楼，其之所以如此雄伟壮观，除了其他条件之外，夸张的色彩、壮丽的城墙给人以坚实、雄厚的感觉是一个重要因素。人民英雄纪念碑也是利用了石材的实体质感以取得庄重浑厚的曲穆效果。毛主席纪念堂，除了粗壮的贴面石柱外，恰如其分地用了上部分的实体和宽厚的金色琉璃重檐，使整个建筑增添了不少肃穆壮丽的景色。

除了以虚为主和以实为主的处理外，还有虚实均匀布置、虚实成片集中布置、虚实交错布置，以强烈的虚实对比达到突出重点的效果，或按一定规律的连续重复的虚实布置造成某种节奏和韵律效果。

随着玻璃材料工业的发展，具有各种色彩和性能的玻璃使建筑"虚"的部分具有新的面貌。许多建筑采用了隔热的蓝色茶色吸热玻璃，使建筑增加了不少色彩，大片的镜面玻璃反映着周围环境时刻变幻的景色，更显得光怪陆离。但是更多的色彩还是靠实体墙面实现的。不少公共建筑和居住建筑恰当地利用了这个条件，非常注意实墙面的装饰色彩作用，使建筑艺术得到了充分的发挥。不论虚或实，都要结合恰当的比例、尺度以及其他构图原则，力求避免可能产生的或轻佻、单薄或笨重、呆板等不良效果。

五、立面凹凸关系的处理

立面上的网进部分，如凹廊、凹进的门洞等，凸出部分如挑檐、雨篷、遮阳、阳台、凸窗以及其他突出部分等，大都是根据使用上、结构构造上的需要形成的。凹凸关系和虚实关系一样都是相对的，互为依存相辅相成的，立面上通过各种凹凸部分的处理，可以丰富立面轮廓、加强光影变化、组织节奏韵律、突出重点、增加装饰趣味等等。大的凹凸变化犹如波涛澎湃，给人以强烈的起伏感；小的凹凸变化犹如微波荡漾给人以平静柔和的感觉，突然孤立的凸出或凹进，犹如平地惊雷，接天洪峰，给人触目惊心的感觉。

六、立面线条处理

在虚、实、凹、凸面上的交界，面的转折，不同色彩、材料的交接，在立面上自然地反映出许多线条来。对庞大的建筑物来说，所谓线条一般还泛指某些空间实体，如窗台线、雨篷线、阳台线、柱子等等。而对尺度较小的面，如小窗洞、挑出的梁头等，在立面上相对说来也不过是一个点而已。因此在某种意义上讲，整个建筑立面也就是这些具有空间实体的点、线、面的组合，而其中对线条的处理，诸如线条的粗、细、长、短、横、竖、曲、直、阴、阳，以及起、止、断、续、疏、密、刚、柔等对建筑性格的表达、韵律的组织、比例的权衡、联系和分隔的处理等均具有格外重要的影响。

粗犷有力的线条，使建筑显得庄重、豪放，如毛主席纪念堂，宽阔的琉璃重檐，上檐厚度高达 2.9m，下檐为 2.2m，都大大超出了一般雨篷口的厚度，同时由于转角处的突起处理，不但具有四角翘起的民族传统形式，而且有如我国书法中的起落顿笔，使线条变得更加强劲有力。福州火车站外露框架柱子也使建筑显得十分壮丽挺立，节奏铿锵。而纤细的线条使建筑显得轻巧秀丽。还有不少建筑采用粗细线条结合的手法使立面富有变化、生动活泼，南京五台山体育馆采取竖细横宽的线条对比组合方法，使整个立面简洁鲜明。强调垂直线条给人以严肃、庄重的感觉，强调水平线条给人以轻快的感觉，如北京天坛饭店。由水平线条组成均匀的网格，富有图案感。在垂直、水平线条中穿插着折线处理，使整个建筑更富有变化，如上海体育馆采用折线装饰格片，使建筑造型避免了直圆筒形式而使体型显得更加丰满。曲线给人以柔和、流畅、轻快、活跃、生动的感受，这在许多薄壳结构中得到广泛应用。

线条同时又是划分良好比例的重要手段。建筑立面上各部分的比例主要通过线条的联系和分隔反映出来。良好的比例是建筑美观的重要因素，但由于功能使用方面等原因，往往层高有高有低，窗子有大有小，如果不适当处理，就可能产生立面零乱的效果。例如美国摄制中心大楼正立面窗子也有大有小，但通过设计者的精心处理，使大小窗子有一个统一规格，既方便施工又获得了良好的统一比例，同时顶层窗子上部过大的实墙面通过与窗间墙等比例的线条分划，既改善了实墙面间相差悬殊所产生的不协调的弊病，又使窗子的比例和窗间墙的比例趋于一致，从而使整个建筑获得了良好的比例。又如深圳某住宅通过向外凸的楼梯间墙体的垂线分割，改变了整个建筑的比例，取得了良好的效果。此外有许多建筑通过墙面上粉刷分割线的精心组织、改变各部分的细部比例，以达到良好的造型效果，如恺撒瓦雷基奥医疗中心的石材贴面在分格阴线的划分下，使通长的墙面由于分段而具有良好的比例和细部变化。

七、立面色彩和质感的处理

由不同性质材料组成的建筑，都以其不同的质地和色泽同时反映出来。整个建筑形象的感染力主要取决于形和色。因此，二者不可偏废。如何正确地运用色彩的特点，加强建筑的表现力乃是设计中的重要课题。一般说来处理建筑色彩主要包括两方面的问题，一是基本色调的选择和确定，二是建筑色彩构图问题。色彩基调的选择有冷暖之分，色彩构图有简繁之别，应视具体情况而定。通常考虑建筑色彩时常注意以下几个因素：

首先是气候条件，我国幅员辽阔，各地气候相差很大。以南方地区的气候特点来讲，夏季炎热期长，冬季温暖多雾，常年阴雨天多；而北京情况不同，晴天多，雨天少，冬季寒冷，夏季虽热但不闷。考虑建筑色彩如何与当地气候相适应，其中包含很多复杂的因素。一般说来应该考虑两方面问题。首先是色彩对人的心理作用，如在炎热的条件下，如果建筑物再以其色彩在人的心理上"增加"热量，就非常不妥了。这就是为什么在炎热地区一般喜欢偏向于冷色调的原因。如重庆市人民大礼堂屋面选择了蓝绿色的玻璃瓦，其他许多建筑采用灰白色和淡绿色的冷色基调也非常普遍。另外，应该把天空色彩作为衬托整个建筑的重要背景来考虑。虽然建筑物不能像人们更换衣服一样，随着不同季节和时间变换颜色，但应该以常年最多时间的气候天空条件为依据。例如重庆、成都，由于常年阴雨天气多，天空常呈灰暗颜色，而北京、昆明、拉萨等城市经常是碧空万里，因此像重庆、成都等地灰暗的天空背景下，如果不适当加强色彩的明朗光亮的效果，也是不妥的，这就是为什么像成都地区许多建筑普遍采用了与灰暗天空相对比较鲜明的浅红、浅黄等暖色调，而重庆炎热地区仍然还有不少建筑局部采用非常明快、强烈的暖色的缘故。由此可见，结合气候条件选择建筑色彩是非常复杂的，有时甚至是矛盾的，但只要综合分析、掌握分寸、统筹考虑，既能解决主要矛盾，又能全面照顾，也是办得到的。

其次，与周围环境的配合，也常作为考虑建筑色调的重要因素之一，例如毛主席纪念堂的紫红色基座和天安门城楼的红墙遥相呼应，汉白玉栏杆、灰白色柱廊和天安门金水桥、人民英雄纪念碑、人民大会堂的列柱等色调取得协调，金色的琉璃重檐和故宫建筑群的琉璃屋顶以及人民大会堂等的琉璃檐口取得一致，从而使整个建筑在色彩上和天安门广场的建筑群交相辉映，更显得宏伟壮丽、气势磅礴，取得十分和谐、完整、统一的效果。

我国古代的许多寺庙和园林建筑常处于重山叠翠绿荫深处，故不论是红垣金顶或粉墙朱栏，在和自然景色的相互对比、衬映之下显得格外明朗艳丽。还有不少处于海边的浅色建筑（如灰白、浅黄等色），由于上有无际蓝天，下有碧波万顷，对比之下显得更加晶莹清澈。北京民族文化宫也利用了周围的深色调建筑，以洁白调为主体，配以绿色琉璃屋顶，在蔚蓝色的天空背景下更显得亭亭玉立，非常突出。

此外，对于不同类型、性质的建筑，也常常有不同的要求。例如有些建筑要求表现出一定的庄严气氛，如某些行政建筑和纪念建筑以及某些其他公共建筑；某些建筑要求有清静的环境造成安静的气氛，如医院、学校、图书馆等；而另外一些建筑，如娱乐场所、商业性建筑一般要求表现较为活跃、热闹繁华的气氛等等。不同类型的建筑在不同性质、规模、条件等情况下也各有特点，各有相应的具体要求，因此在色调的选择和配置上，不论或单色，或复色，或冷，或暖，或明朗，或沉重，或浓妆，或淡抹，或取对比色，或取调和色，均应视不同情况分别处理。例如许多采取统一色调的建筑，如浅灰色的杭州候机楼、首都体育馆等都达到了朴素、大方、明朗、完整、统一的效果；以米黄和浅褐两种比较调和的色彩处理的北京谈判楼也形成明朗、温暖、协调的气氛；北京大学图书馆在白色墙面上局部使用翠绿色的琉璃装饰给人以安静恬适的感受。

对某些建筑说来，还要求表现一定的民族特色和乡土风貌，而其中如何运用传统色彩是很重要的因素。自古以来，我国人民在建筑色彩的运用上达到了很高的成就和具有独特的风格。从庞大的故宫建筑群以及许多寺庙园林，一直到世界闻名的敦煌石窟等，无与伦比，堪称独步。为国家重点保护的故宫建筑群，不但以其宏伟的造型而且以其金碧辉煌、光彩夺目的精湛浓丽色彩而强烈地扣人心弦。江南民居则粉墙青瓦，依山傍水，绿树掩映，散发出一股淡雅清新的气息而使人流连忘返。在北京香山饭店的色调处理上，也可感受到这种味道。

除此之外，对结构形式的选择、地方材料的运用，以及对施工和经济造价等条件的考虑，都会对一个建筑的色彩基调的确定起着一定的制约作用。

当一个建筑的色彩基调确定以后，总的色彩构图就十分重要了，色彩构图应该为实现总的色彩基调和气氛服务，同时又要统筹兼顾、全面规划，弥补基调的某些不足。

除了某些建筑只采用一个颜色外，不少建筑具有两种或多种色彩，因此这些色彩的色相和明度的选择、色块分配比例的权衡、用色部位的确定等就是色彩构图的基本问题。

一般情况下，在选择对基调色彩的补充色彩时应以对比色为宜，即应该在色相上加以区别，这些对比色的使用面积不宜过大，并且限于局部，这样才能达到对比、协调的效果，而不会喧宾夺主，同时在选择补充色彩时还应结合建筑性格和装饰效果来统一考虑。

同时，建筑立面处理中常常运用不同材料的质感的适当配置来达到所要求的建筑气氛。一般来说，表面粗糙的材料质感，从感官上显得厚重坚实；表面光滑的材料质感，显得轻巧细腻。石块墙面显得粗犷厚重；清水砖墙显得简洁亲切；而混凝土、抹灰、涂料或面砖墙面，却显得平静、轻快；玻璃墙面，则显得轻松、活泼。在立面设计时，往往先确立质感基调，然后在统一基调的基础上，通过建筑各部分材质之间的对比和变化，使立面表现出强烈的质感特色。在一些地区，运用当地材料建造建筑物，也取得了浓郁的地域性特色。

八、立面重点处理

建筑的重点处理应有明确的目的，例如一般建筑物的主要出入口，在使用上需加强人们的注意，且在观瞻上首当其冲，而常做重点处理。其次，如车站的钟塔、商店的橱窗等，除了在功能上需要引人注意外，还要作为该类建筑的性格特征或主要标志而加以特别强调。重点处理有利于反映建筑特点。某些建筑由许多不同大小的空间组成，不论在功能上、体量上客观地存在明显的主次之分，因此在建筑的设计和构图时，为了使建筑形式真实地表达内容，突出其中的主要部分，加强建筑形象的表现力，也很自然地反映出重点来。另外，为了使建筑统一中有变化，避免单调以达到一定的美观要求，也常在建筑物的某些部位，如住宅的阳台、凹廊，公共建筑中的柱头、檐部、主要入口大门等处加以重点装饰。重点处理主要通过各种对比手法而取得，例如北京西单百货商场通过底层雨篷在入口处的急剧变化，形成在雨篷的造型上、深度上的对比而达到重点突出入口的效果，以充分引起人们的注意。又如美国某办公大楼入口利用框架围成的入口门廊，上部罩以拱形的透光玻璃顶，造型新颖别致，与上部的圆弧形露台相呼应，起到了突出入口和重点装饰作用。此外，通过加强主要轴线上的布置以强调重点，也是十分重要的方法，例如福州火车站，虽然入口的开间没有加大，但通过主要轴线上水平分格条的增加和醒目的机场名称，以及两旁的红旗和灯柱的对称布置等方法达到了入口重点突出的效果。四面对称的毛主席纪念堂，为了强调南北主要入口也采取了匾额、群雕、绿化等的布局方式使其和东北轴线有所区别以起到重点突出的作用。

对于因功能上的需要在平面上出现两个或两个以上的重点时，应按具体情况分别处理，仍应使其主次分明、重点突出。例如首都体育馆正面上有两个同等重要出入口，通过廊子的连接，不但改变了两边两个入口、重点分散、尺度小的弊病；而且由于联成统一的完整整体，加大了入口部分的体量，改善了整体和局部之间的比例关系，增强了建筑的整体性的宏伟气魄。而和平宾馆虽然立面上也存在两个出入口，但由于功能上的不同，一为人流，一为车流，因此选择人流入口为重点装饰对象，仍然达到了主次分明、重点突出的效果，在处理手法上虽和上述例子有所区别，但都有异曲同工之妙。

九、立面局部和细部处理

局部和细部都是建筑整体中不可分割的组成部分，例如建筑入口的局部一般包括踏步、雨篷、大门、花台等等，而其中每一部分又包括许多细部的做法。建筑造型应首先从大处着眼，但并不意味着可以忽视局部和细部的处理，诸如墙面、柱子、门窗、檐口、雨篷、遮阳、阳台、凹廊以及其他装饰线条等，在比图例、形式、色彩上有值得仔细推敲的地方。例如墙面可以有许多种不同材料、饰面、做法；柱子也可以采取不同的断面形式；门、窗在窗框、窗扇等划分设计方面的形式和种类也很繁多；阳台有不同的形式、不同的扶手、栏杆等处理方式。凡此种种都应在整体要求的前提下，精心设计，才能使整体、局部和细部达到完整统一的效果。在某种情况下，有些细部的处理甚至会影响全局的效果。例如毛主席纪念堂的琉璃重檐转角处理，使整个体型轮廓鲜明，线条刚劲有力，对建筑形象的宏伟壮丽起到重要的作用。虽然现代建筑的细部装饰不能像过去那样依靠手工业方式去费工费时费料地精雕细刻，但人们对建筑美的要求并不能因为随着工业化时代的发展可以降低，恰恰相反，应该随着生产、技术、文化的不断发展，需要更多地考虑最大限度地发挥建筑艺术的作用，满足人们精神上、审美心理上的要求。因此我们应该充分利用结构、构造本身的特点，从整体到局部，不放过任何点滴细部的察之入微的认真推敲，在符合现代人们的审美观念的条件下，去创造现代化的装饰效果。

第八章　无障碍设计实践

建筑是为人类服务的，建筑物除了满足全社会的普通人群的需要外，还应为社会中由于某种程度生理伤残缺陷者和正常活动能力衰退者提供服务，对社会老、弱、伤、残等人群给予人性的关怀，体现今天全社会以人为本的高尚精神，无障碍设计是现代建筑设计工作中十分重要的内容之一，应引起建筑设计者的高度重视。

第一节　无障碍设计的概念及一般原则

无障碍设计强调在科学技术高度发展的现代社会，一切有关人类衣食住行的公共空间环境以及各类建筑设施、设备的规划设计，都必须充分考虑具有不同程度生理伤残缺陷者和正常能力衰退者（如残疾人、老年人、行动不便者）的使用需求，配备能够应答、满足这些需求的服务功能与装置，营造一个充满爱与关怀、切实保障人类安全、方便、舒适的现代生活环境。

一、无障碍设计的概念

无障碍设计概念的提出从 20 世纪 50 年代的美国开始，当时美国经历了第二次世界大战、朝鲜战争、越南战争，又由于 20 世纪 40 年代后半期小儿麻痹症大流行，导致社会正视退役军人及残障者回归社会工作面临种种障碍，于是无障碍设计逐渐受到重视。1990 年美国正式颁布了 ADA（America with Disability Act）法案，并成为无障碍设计的标准。

无障碍设计的理想目标是"无障碍"。基于对人类行为、意识与动作反应的细致研究，致力于优化一切为人所用的物与环境的设计，在使用操作界面上清除那些让使用者感到困惑、困难的"障碍"（barrier），为使用者提供尽可能的方便，这就是无障碍设计的基本思想。在此基础上，更加广义的 Universal Design 概念被提出，更加全面地扩展了传统无障碍设计的含义。

Universal Design 的中文译名有"全方位设计""无障碍设计""通用设计"等，其定义是"在最大限度的可能范围内，不分性别、年龄与能力，适合所有人使用方便的环境或产品之设计"。Universal Design 一词最早由美国北卡罗莱纳州立大学教授 RonMace 于

1974 年在国际残障者生活环境专家会议中提出，认为设计时的考虑对象不应仅局限于特定族群，也就是不应仅考虑行动不便的障碍者，而应在产品设计之初即以"全体大众"为出发点，考虑到所有的人，设计的环境、空间与设备产品能适合所有人使用，这就是通用化设计的基础精神。从这个意义而言，Universal Design 是真正的"无障碍设计"。

通用化设计（Universal Design）将服务对象由特定的群体转向全体大众，这是社会科技进步和人文精神的体现。由于世界平均生育率下降，全球人口已呈现普遍高龄化的现象，随着越来越多的人步入老年阶段，也就意味着需要特殊照顾的老年人群在不断扩大；而只对残障人士服务的设施虽然方便了他们的行动，却在心理上暗示他们的残障，造成心理负担，通用化设计则弱化了他们被歧视的心理；另外，面对所有使用者的通用化设计能够提高使用者的满意度，改变生活形态而不会增加成本，这些都是现代社会发展所需要的，因此如何建立一个不分年龄、体格、生理、心理状态，让所有人都能同样方便使用或参与社会活动的通用化设计环境，是每一位设计规划人员在计划初期即应纳入审慎考虑的人性化因素。

二、通用化设计的七项原则

Ron Mace 教授于 1989 年创立了通用设计中心，这个组织的十名不同背景的专业人士于 1997 年提出了目前最常被提出以及采用的通用化设计七项设计原则。

原则 1：平等的使用方式。不区分特定使用族群与对象，提供一致而平等的使用方式。

（1）所有用户使用该产品的使用方式应该是相同的：尽可能完全相同，其次求对等。

（2）避免使用者产生隔离感及挫折感。

（3）提供所有使用者同样的隐私权、保障和安全。

（4）使所有使用者对产品的设计感兴趣，有使用愉快的感觉。

原则 2：具通融性的使用方式。设计要对应使用者广泛的个人喜好和能力。

（1）提供多元化的使用选择。

（2）提供左右手皆可以使用的机会。

（3）帮助使用者正确操作。

（4）提供使用者合理通融的操作空间。

原则 3：简单易懂的操作设计。不受使用者的经验、知识、语言能力、集中力等因素影响，皆可容易操作。

（1）排除不必要的复杂性。

（2）与使用者的期待与直觉必须一致。

（3）不因使用者的理解力及语言能力不同而形成困扰。

（4）将信息按重要性来排列。

（5）能有效提供在使用中或使用后的操作回馈说明。

原则4：提供可察觉的信息。无论使用者四周的情况或感觉能力如何，都应该把必要的信息迅速而有效地传递给使用者。

（1）以视觉、听觉、触觉等多元化的手法传达必要的资讯。

（2）在周围环境中突出必要信息。

（3）最大化基本信息的"可读性"。

（4）把各个元素按照描述的方式分类，从而以更容易的方式给出使用说明。

（5）透过辅具帮助视觉、听觉等有障碍的使用者获得必要的资讯。

原则5：容错的设计考量。不会因错误的使用或无意识的行动而造成危险。

（1）让危险及错误降至最低，使用频繁部分是容易操作、具保护性且远离危险的设计。

（2）操作错误时提供危险或错误的警示说明。

（3）即使操作错误也具有安全性。

（4）避免在操作中所做出的无意义的动作，尤其要避免具有危险性的动作。

原则6：有效率的轻松操作。有效率、轻松又不易疲劳的操作使用。

（1）使用者可以用自然的姿势操作。

（2）使用合理力量的操作。

（3）减少重复的动作。

（4）减少长时间的使用对身体的负担。

原则7：易于接近和使用的尺寸与空间。提供无关体格、姿势、移动能力都可以轻松地接近和操作的空间。

（1）对使用者提供不论采取站姿或坐姿都显而易见的视觉信息。

（2）对使用者提供不论采取站姿或坐姿都可以进行舒适操作的使用条件。

（3）对应手部及握拳尺寸的个人差异。

（4）提供足够空间给辅具使用者及协助者。

"七原则"仅仅只是关注通用的、可用的设计，而设计实践包含的并不仅仅是可用性的考虑。设计师必须在他们的设计过程中同样引入其他的注意事项，例如经济、工程、文化、性别以及环境等等。这些原则为设计师提供了更好的整合，迎合最多用户需求的特色的指导方针。

三、建筑无障碍设计的内容及一般原则

新的无障碍设计概念，不仅仅是传统意义上的、广为大众所理解的硬件设施上的无障碍设计，如为行动不便人士与老幼者设置的高低差异设备、盲道、坡道、扶手等常见的无障碍硬件设施。而广义的无障碍设计概念还包括图形化的信息指示，用色彩、材料、光影等手段多元化的信息传达方式，各种便捷的服务，人性化的视觉引导系统等软件上的无障碍设计工作。在建筑设计中，无障碍设计也应该不仅为残障者服务，同时为健全人提供更

为人性化的环境。在设计无障碍环境时，对不同类型的使用者应了解环境对他们的障碍，从而设计相应的对策解决问题。主要有以下几个方面的内容：

（一）不同人群的一般行为特点带来的潜在危险

对于身体健全的人来说，在一般的行为过程中也会存在潜在的危险，这就要求在设计过程中必须全面地、预见性地解决问题。

例如步行时，健康人在过于光滑的地面上也会不容易行走；携带物品较多的行人在到达目标时需要中途休息；幼儿行为随意性较大，要尽量避免意外发生；老人和使用拐杖者行动较为缓慢，需要观察环境而休息。因此步道的设计既要考虑盲道、轮椅坡道，也要考虑地面材质、休息场所及避免潜在的危险，路线的设计上则要考虑通达性。

上下楼梯时，健康人也会有摔倒的危险；幼儿会在楼梯上玩耍；老人、行动困难者需要设置楼梯扶手；使用轮椅者需要坡道和电梯；视力残疾者不容易发现高差的变化，多向旋转的楼梯会使他们辨不清方向。因此楼梯的设计要考虑合适的步宽和步高，合理设置扶手，避免尖锐的棱角出现，避免踏步的高部和宽度突然改变，旋转楼梯尽量不作为主楼梯等。

进出门时，健康人手持物品较多时也会不方便开关门；门的把手较高时，幼儿使用不便；使用轮椅者需要门有足够的宽度和回旋余地；视力残疾者需要确定门的位置。在公共场所，尤其人流量较大的地方，门的设计应避免旋转门、双向弹簧门和全透明的玻璃门，有条件时可设计为自动感应门或开启后可固定位置的门。

由以上内容可见，观察人群的一般行为特点，设计时尽可能满足各种人群的需要，这是无障碍设计的基本要求。

（二）肢体残疾者

1. 下肢残疾者

下肢残疾者指乘坐轮椅、拄拐杖者。要求：

（1）门、走道、坡道尺寸及行动的空间均以轮椅通行要求为准则，坡道平缓，设有双向扶手；

（2）上下楼应有升降设备；

（3）残疾人专用卫生间及相关设施；

（4）地面平整、坚固、不滑、不积水、无缝及大孔洞；

（5）通道及设施应有明显的标志，尽量避免使用旋转门和双向弹簧门。

2. 视力残疾者

视力残疾者指盲人、低视力或弱视者。要求：

（1）简化行动路线，布局平直，地面及周边环境无意外变动及突出物。

（2）利用触觉、听觉等信息进行引导，如盲道、扶手、盲文标志、音响信号等。对弱视者可采取加强光照、加大标志图形、利用色彩反差等强化视觉信息的方法。

（三）特殊情况下的无障碍设计

特殊情况出现概率相对较小，但破坏性较大，例如，天气的影响：大风暴雨会干扰人们的视线和行动稳定性，造成危险增加；过热或过冷的气候会影响身体感受进而影响到行为，建筑的内外环境设计必须考虑到各种气候的影响，增加安全性和舒适性。

避免各种事故：跌落、碰撞、夹伤、危险品接触等事故在生活中常有发生，建筑设计中必须通过预见性的措施来减少甚至避免事故的发生。例如，有较大高差的地方必须设置栏杆并达到安全高度；楼梯、坡道、阳台等设置围栏或扶手；围栏或扶手的样式要避免儿童钻过或攀爬；楼梯的始端和终端最好在材质色彩上与其他部分有所区别；踏步不宜仅设一步；坡道设置缓冲平台；避免出现较小的构件缝隙等等。

火灾事故：火灾情况下，健康人也会变得失去判断力和控制力，残疾者行动就更为困难，因此建筑的防火设计中，确保避难通道畅通和信息准确传达是最关键的问题，除了保证正常人的需要外，在防火门的设计、防护电梯的设计等方面都必须考虑残疾人的需要。

归纳起来，建筑无障碍设计的一般原则可从以下几方面考虑：

1. 建筑空间的可达性和引导性

无论对于健康人还是残障者，空间的可达性和引导性都是首要的原则。建筑设计中，首先通过交通空间和功能空间的组织来进行人流的引导，使用过程中再辅以必要的指示说明来明确空间性质，这就要求建筑空间组织应该简洁明确，符合人们的日常经验；可达性则包括满足所有的使用者要求，如建筑入口的坡道、残疾人电梯、卫生间等的特殊设计。

2. 建筑环境的安全性

在结构安全的前提下，建筑环境的安全性指的是建筑空间组织和构造设计中的安全设计。建筑空间组织要求功能分区明确，流线清晰，符合疏散要求，尤其在防火设计中，必须满足防火规范的各项要求；构造设计则内容十分广泛，从各种细节上进行预见性防护，将危险降到最低。

3. 建筑环境的舒适性与适用性

从建筑的规划开始，包括对场地、气候等各方面因素的考虑，尽量创造一个舒适的建筑环境。在建筑的空间设计及构造设计中，既要满足人们在其中长时间工作和生活的舒适性，也要注重实用性，尤其在设备安装时，更要结合人体的行为活动习惯。

第二节　城市道路无障碍设计

城市道路和建筑物的无障碍设计是针对残疾人、老年人等的生理和心理的特殊需要，对城市道路、公共建筑、居住建筑的有关部位提出的便于这类弱势群体行动和使用的一种系统设计。随着社会的文明与进步，残疾人康复事业得到不断发展，传统的将残疾人与社会隔离的观念正得到纠正。而城市道路和建筑物的无障碍设计，正是使残疾人尽可能建立正常生活，参与社会活动，获得与正常人相等权利的重要途径。

城市道路和建筑物无障碍设计的范围很广，设计的内容很多，弱势群体希望到达的地方，通过无障碍设施都能到达和使用，这就要求对诸如道路、天桥、入口、台阶、坡道、平台、门、楼梯、厕所、浴室、住房、客房、服务台、饮水器、座位、车位等，都要在形式、尺度、功能上转变设计观念，按照弱势群体意识予以设计。

城市道路无障碍设计的类别包括城市市区道路、城市广场、卫星城道路、广场、经济开发区道路、旅游景点道路等；设计的部位主要有人行道、人行横道、人行天桥、人行地道、公交车站、桥梁、隧道、立体交叉等。

城市道路各类别无障碍设计的主要要求如下：

一、城市人行道路

进行无障碍设计的城市道路，是考虑方便残疾人、老年人和行动不便者的出行、办事、旅游等。人行道是城市道路的重要组成部分。人行道与车行道如有高差，就会给乘轮椅者的通行带来困难，因此，各种路口的人行道应设可供轮椅通行的缘石坡道。

视力残疾者通常依靠触觉、听觉等来帮助其行动。在城市道路、市区商业街、步行街和主要公共建筑周边道路的人行道上设置盲道，可方便视力残疾者正常行走。

在市区主干路、次干路的主要路口和市区商业街、步行街的人行横道处，以及在视力残疾者居住较集中的区域附近的道路和盲人学校周围道路的人行横道处设过街音响装置，可使视力残疾者安全地通过人行横道。

要求将安全道与人行横道对应处设计成坡道，并与缘石坡道相互对正，是为了使乘轮椅者安全地通过人行横道中间的安全道。

在城市旅游景点道路、主要商业区的道路和商业街、步行街设置盲文地图，可便利视力残疾者旅游和购物。

为了使符合无障碍标准的城市道路能更好地为弱势群体的通行、使用服务，并易于为他们所识别，应在显著位置设置无障碍标志牌。

二、城市广场

为了使残疾人能与健全人一样平等地享有出行和休闲的权利，城市广场的无障碍设计范围应包括市中心广场，各区、县中心广场，新城和中心镇的中心广场，还应包括轨道交通车站和港口、铁路客运站前的中心广场。

城市广场是人们休闲、娱乐的场所，为了使弱势群体能平等地参与社会活动，应对城市广场进行无障碍设计，这就是既要设计方便乘坐轮椅者通行的缘石坡道，又要设计方便视力残疾者行走的盲道和盲文地图，还要设置无障碍停车位，并在上述位置设立无障碍标志牌。

三、城市公共绿地

（1）为便于残疾人、老年人等的通行和游憩，公共绿地入口、绿地内主要通路、主要服务设施的建筑入口，应设置方便轮椅通行的坡道。

（2）在男女厕所内，选择通行方便和位置适当的部位，应至少设 1 辆轮椅车可进入使用的坐式便器专用厕位。厕位面积、门窗开启、入口净宽、门的拉手、座便器高度以及安全抓杆等应符合建筑物无障碍设计规范的有关规定。

（3）公共绿地的休息座椅旁应留有适合轮椅停留的空地，以便乘轮椅者与陪同者休息和交谈，避免轮椅停在绿地的通道上，影响他人正常行走。

（4）全市性公园和区域性公园应设置供残疾人使用的停车位。残疾人停车位数量，应根据停车场地大小而定，但至少应有 1 个残疾人停车位。停车位的设计应符合相关规范的规定。

（5）为了视力残疾者前往公共绿地时便于掌握绿地的方位和入口，需要设置盲道。

（6）在全市性和区域性公共绿地的入口处，为了方便视力残疾者了解绿地的总体情况及知晓各种设施的大体位置，需要设置盲文导游图或触摸式发声导游图，同时，在常规导游图的内容中，宜包括无障碍设施的所在位置。

四、城市桥

（一）人行天桥、人行地道

兴建人行天桥和人行地道，对于疏导交通，消除人车混行，保证行人安全起了很大的作用。特别是市中心人口稠密区和商业繁华地段的人行天桥和人行地道，使用频率较高。为了方便残疾人和老年人的通行，人行天桥和人行地道应进行无障碍设计。

（1）为了方便乘轮椅者通过人行天桥和人行地道，宜设置轮椅坡道。无法满足轮椅坡道的设计要求时，宜设置无障碍电梯或升降平台。

（2）人行天桥、人行地道的轮椅坡道设置，是为了方便乘轮椅者能靠自身力量安全通行，因此，对坡道的坡度设计有一定要求，坡道的坡度不应大于 1：12，坡道的坡面既要平整又要防滑，坡道两侧要设扶手，并在扶手栏杆下端设高度不小于 100mm 的安全挡台。

（3）人行天桥、人行地道的梯道设置，是为了方便挂拐杖者通行。由于挂拐杖者行走困难，因此，梯道的设计要求踏步面宽、踏步高度低，便于控制重心。梯道的扶手应设上、下两层，上层扶手高度为 900mm，下层扶手高度为 650mm，扶手和栏杆应在整个梯道连续安装，两端要延伸至踏步以外，保证有不小于 300mm 的水平段。

人行天桥设顶棚，主要是方便行人能在雨雪天使用。

（4）为了方便视力残疾者通过人行天桥和人行地道，上述场所应设置盲道。盲道设计以提示盲道为主，设置范围主要有人行天桥和人行地道的台阶坡道的起点和终点，这些提示盲道应与人行道中的行进盲道相连接。

（5）人行天桥和人行地道的扶手是为了保障行人安全而设置的，在坡道和梯道设两层扶手，上层便于健全人、听力和言语残疾者使用，下层便于挂拐杖者使用。扶手要坚固耐用，易抓扶不伤手。扶手起点水平段应设置盲文铭牌，便于视力残疾者使用。

（6）人行地道入口两侧应设防护措施，以确保残疾人和老年人的安全。

（7）为了方便乘轮椅者从人行道出入人行地道，当人行地道的坡道入口平台与人行道地面有高差时，应采用坡道连接。

（8）为了防止残疾人、老年人进入人行天桥下面的三角空间区，应在这一范围采取防护措施，并设置提示盲道。

（9）为了方便残疾人和老年人通过人行天桥和人行地道，应在符合无障碍设计要求的人行天桥和人行地道处设置无障碍标志牌。

（二）路河桥梁、隧道、立体交叉

（1）为了方便残疾人通过跨河桥梁和观光隧道，桥梁和隧道的人行道应与道路的人行道接通，中间有高差处应以坡道连接，并设盲道和缘石坡道等。

（2）立体交叉主要指城市高架道路的立交桥。有些大型立交桥孔下面的道路比较复杂，为了方便残疾人通行，立体交叉桥孔下的人行道应设缘石坡道和盲道，并与周边道路人行道的缘石坡道和盲道相贯通。

第三节　建筑物无障碍设计

建筑物无障碍设计包括公共建筑和居住建筑两大部分。按照《城市道路和建筑物无障碍设计规范（JGJ50—2001）》规定，建筑类型虽然丰富多样，但各通用部位设计原则基本一致。

一、出入口

无障碍出入口不仅方便残疾人、老年人，同时也方便其他人群，建筑设计应考虑以下因素：

（1）供残疾人使用的出入口，应设在通行方便和安全的地段。室内设有电梯时，出入口应靠近候梯厅。

（2）建筑入口为无障碍入口时，入口室外的地面坡度不应大于1.50。

（3）公共建筑与高层、中高层居住建筑入口设台阶时，必须设轮椅坡道和扶手，其设计数据应符合相关规范的要求。

（4）无障碍入口和轮椅通行平台应设雨篷。

（5）出入口设有两道门时，门扇开启后应留有不小于1.2m的轮椅通行净距。

二、坡道

坡道用于联系不同高差的地面，其位置要设在醒目和方便的地方，供轮椅通行的坡道要设计成直线形、直角形或折返形，不宜设计成弧形。

（1）坡道两侧应设扶手，坡道与休息平台的扶手应保持连贯。

（2）坡道侧面凌空时，在栏杆下端应设置高度不小于50mm的安全挡台。

（3）坡道的设计坡度和宽度要符合相关规范的规定。

（4）坡道的坡面应平整，不应光滑。

（5）坡道起点、终点和中间休息平台的水平长度不应小于1.5m。

三、通路、走道和地面

通路和走道的设计不宜过于复杂，也不宜过长。其最小宽度应符合规范要求，一般而言，轮椅较容易通过的走道宽度为1.2m；轮椅能够进行回转的宽度为1.5m；两辆轮椅可以相向而行，走道宽度要达到1.8m。

（1）通路和室内地面应平整、不光滑、不松动和不积水。

（2）使用不同材料铺装的地面应互相取平，如有高差时不应大于15mm，并应以斜面过渡。

（3）门扇向走道内开启时应设凹室，凹室面积不应小于1.30m×0.90m。

（4）供残疾人使用的走道：走道两侧应设扶手；走道两侧墙面应设高0.35m护墙板；走道转弯处的阳角应为弧形墙面或切角墙面；走道两侧不得设突出墙面影响通行的障碍物。

（5）走道一侧或尽端与其他地坪有高差时，应设置栏杆或拦板等安全设施。

四、门

供残疾人使用的门应采用自动门，也可采用推拉门、折叠门或平开门，不应采用力度大的弹簧门。如果使用旋转门，应另设残疾人专用门。

（1）轮椅通行门的净宽不小于 0.80m。门的位置及尺寸要与走道或过厅结合考虑。

（2）门扇及五金等配件应考虑便于残疾人开关。

（3）门上安装的观察孔及门铃按钮的高度应考虑乘轮椅者及儿童等的使用要求。

（4）门扇在一只手的操纵下应该易于开启，门槛高度及门内外地面高差不应大于 15mm，并以斜面过渡。

五、窗

窗的设计应该尽可能地容易操作，而且安全。

（1）窗的高度要考虑坐轮椅者及儿童的视高，并设置安全栏杆。

（2）推拉窗比平开窗或旋转窗更易开关。

六、楼梯和台阶

楼梯和台阶不仅要考虑健全人的要求，同时应考虑残疾人、老年人的要求。楼梯的形式最好采用有中间休息平台的折线双跑或三跑式，避免采用单跑式、弧形或螺旋形楼梯。底楼楼梯下部空间应采取隔离措施，避免视觉障碍者或儿童碰头。具体细节有：

（1）不宜采用无踢面的踏步和突沿为直角形的踏步。

（2）踏面应平整而不应光滑，明步踏面应设高度不小于 50mm 的安全挡台。

（3）楼梯两侧应设扶手，从三级台阶起应设扶手。

（4）距踏步起点和终点 25~30mm 应设提示盲道。

（5）踢面和踏面的颜色应有区分和对比。

（6）扶手的形式和尺寸应符合规范要求，在扶手的起点和终点处应设盲文说明牌。

七、电梯

无障碍电梯包括候梯厅和轿厢设计。

候梯厅深度大于等于 L80m，电梯门洞净宽度大于等于 0.90m。电梯按钮高度在 0.90~1.10m 比较合适，每层电梯口应安装楼层标志，电梯口设置提示盲道。

轿厢面积不小于 1.40m×1.10m，电梯门开启净宽不小于 0.80m，轿厢正面和侧面应设置高度 0.80~0.85m 的扶手；轿厢侧面应设高 0.90~1.10m 带盲文的选层按钮。轿厢正面高 0.90m 处直到顶部应安装镜子。

第九章　复杂高层建筑结构设计实践

近年来国内外高层建筑发展迅速，建筑设计为满足多功能、多用途及造型新颖的需要，经常会构思出体型复杂、内部空间多变的建筑方案。国内近十多年来，这种复杂高层建筑大量涌现，其结构一般都是不规则的，有些是特别不规则的，如带转换层的结构、带加强层的结构、错层结构和多塔楼结构等。它们不但给人们一种新的视觉感受，而且为人们提供了良好的生活环境和工作条件，但是给结构抗震设计带来很大难度。我国工程技术人员和科技工作者在复杂高层建筑设计及理论等方面做了大量的研究工作，积累了许多宝贵的经验。本章简要介绍其受力特点和设计方法。

第一节　带转换层高层建筑结构设计

一、带转换层结构的建筑功能和结构功能

现代高层建筑向多功能、综合用途发展，在同一竖直线上，顶部楼层布置住宅、旅馆，中部楼层作为办公用房，下部楼层作为商店、餐馆、文化娱乐设施。不同用途的楼层，需要大小不同的开间，采用不同的结构形式。为了满足建筑功能的要求，结构工程师提出了转换层结构。

转换层结构的建筑功能，一是提供大的室内空间，二是提供大的出入口。由于框筒结构柱距较小，在底层往往因设置出入通道而要求加大柱距，在结构上必须布置转换层。转换层的主要功能是将上部柱荷载传至下部大柱距的柱子上。

转换层的结构功能是：当结构上部为小开间小柱距，而下部要求柱网大、墙体少的建筑，为了实现其结构布置，就必须设置转换层。多数情况下转换层设在底部数层，但也有高位转换的情况。转换层可以实现三种结构转换：

（1）上层和下层结构类型转换

这种转换层广泛用于剪力墙结构和框剪结构，如剪力墙转换为框架形成大空间。

（2）上下层的柱网开间和跨度改变

转换层上下的结构形式没有改变，通过转换层使下层形成大柱网。

（3）同时转换结构形式和结构轴线布置

结构沿高度只在需要转换结构的楼层才设置转换层，一般情况都只有一次转换，少数情况可能有多次转换。

转换层的主要结构形式有梁式、板式、桁架式和空腹桥架式。梁式转换层传力直接、明确，传力途径清楚。转换大梁具有受力性能好，工作可靠，构造简单，施工方便的优点。梁式转换层应用最广泛。当上下柱网、轴线错开较多时，则只能采用板式转换层。板式转换层的受力复杂，传力途径不清楚。厚板的刚度大、质量大，地震反应强烈，对于抗震十分不利。厚板转换层的设计施工较复杂，材料用量和造价都较高。因此，不宜采用厚板作转换层，建筑应避免这种上下柱网、轴线错开较多的布置。

二、转换层结构的布置和设计要点

1.底部带转换层的设置高度

研究分析表明，底部转换层位置越高，转换层上、下刚度突变越大，转换层上、下内力传递途径的突变越加剧；此外，转换层位置越高，落地剪力墙或筒体越易出现受弯裂缝，从而使框支柱的内力增大，转换层上部墙体易被破坏。总之，转换层位置越高对抗震越不利。因此，《高规》规定，对于底部带转换层的框架 - 核心筒结构和外筒为密柱框架的筒中筒结构，由于其转换层上、下的刚度突变不明显，转换层上、下内力传递途径的突变程度也小于框支剪力墙结构，转换层设置高度对这两种结构虽有影响，但不如框支剪力墙结构严重，据此，对这两种结构，其转换层位置可比框支剪力墙结构适当提高。当底部带转换层的筒中筒结构的外筒为由剪力墙组成的壁式框架时，其转换层上、下的刚度突变及内力传递途径突变的程度与框支剪力墙结构比较接近，其转换层设置高度的限制为8度时不宜超过3层，7度时不宜超过5层，6度时可适当提高。

2.转换层上、下刚度突变的控制

带转换层的结构应使转换层下部结构的抗侧刚度接近转换层上部邻近结构的抗侧刚度，不发生明显的刚度突变，转换层下部结构不应成为柔软层，底部柔软层房屋在大地震中的倒塌十分普遍。

转换层上部结构与下部结构的侧向刚度比应符合规定。

当转换层位置大于1层时，应按规定分别计算等效侧向刚度比和转换层本层的侧向刚度与转换层相邻上一层的侧向刚度比。设计中应同时满足这两种刚度比的限制条件。

转换层上部与下部结构的等效刚度百分比的计算中考虑了结构的剪切变形和弯曲变形，当小于1.3时，转换层上、下刚度突变及内力传递途径突变都比较小。

同时规定，转换层设置在3层及3层以上时，其本层的侧向刚度不应小于转换层相邻上一层楼层侧向刚度的60%。这一规定是为了防止出现一种情况，即转换层的下部楼层刚度较大，但转换层本层的侧向刚度过于柔软。

3. 框支剪力墙转换层

框支剪力墙转换层（包括托梁）在竖向荷载下的竖向、水平应力以及剪应力的分布：上层墙面内均匀分布的竖向应力向下部柱子集中，在支承柱顶部的剪力墙局部面积上竖向应力很大，柱间剪力墙的竖向应力越接近中部就越小，其传力与拱类似，必须有拉杆平衡它向外的推力，因此转换部位的水平拉应力较大。

（1）加强框支层刚度，要求转换层及其它，下楼层层刚度基本均匀。应当有一定比例的、贯穿上下直至基础的落地剪力墙（或实腹筒），并适当加大落地剪力墙下部厚度或提高其混凝土等级，以增加下部各层刚度，使转换层上、下结构整体抗侧刚度比接近；如果下部抗侧刚度不足时，要另外布置一些筒体或剪力墙，使转换层以下的结构具有足够抗侧刚度，减小层间位移。

（2）剪力墙（筒体）和框支柱的布置。为了防止转换层下部结构在地震中严重破坏甚至倒塌，应按下述原则布置落地剪力墙（筒体）和框支柱。

①框支剪力墙结构要有足够数量且上、下贯通落地的剪力墙，并按刚度比要求增加墙厚；带转换层的筒体结构的内筒应全部上、下贯通落地并按刚度比要求增加筒壁厚度。

②落地剪力墙与相邻框支柱的距离，底部为 1~2 层框支层时不宜大于 12m，3 层及 3 层以上框支层时不宜大于 10m。

③框支层楼板不应错层布置，以防止框支柱产生剪切破坏。

④框支剪力墙转换梁上一层墙体内不宜设边门洞，不宜在中柱上方设门洞。

试验研究和计算分析结果表明，这些门洞使框支梁的剪力大幅度增加，边门洞小墙肢应力集中，很容易破坏。

⑤落地剪力墙和筒体的洞口宜布置在墙体的中部，以便使落地剪力墙各墙肢受力（剪力、弯矩、轴力）较均匀。

（3）提高框支层构件的承载力，避免出现薄弱层。

除了上、下楼层刚度比要求基本均匀外，转换层以下的框支柱和剪力墙的承载力和延性都要加强，避免造成刚度又小、承载力也没有富余而形成的薄弱层。因此，对于框支剪力墙和落地剪力墙还需要采取特殊设计措施，以保证其承载力和延性。

在转换层以下，落地剪力墙的侧向刚度一般远远大于框支柱的侧向刚度，所以按计算结果，落地剪力墙几乎承受全部地震剪力，框支柱分配到的剪力非常小，考虑到实际工程中转换层楼面会有显著的平面内变形，框支柱实际承受的剪力可能会比计算结果大很多。此外，地震时落地剪力墙出现裂缝甚至屈服后刚度下降，也会使框支柱的剪力增加。因此，对带转换层的高层建筑结构，其框支柱承受的地震剪力标准值应按下列规定采用：

①对每层框支柱的数目不多于 10 根的场合，当框支层为 1~2 层时，每根柱所承受的剪力应至少取基底剪力的 2%；当框支层为 3 层及 3 层以上时，每根柱所承受的剪力应至少取基底剪力的 3%。

②对每层框支柱的数目多于 10 根的场合,当框支层为 1~2 层时,每层框支柱所承受的剪力之和应取基底剪力的 20%;当框支层为 3 层及 3 层以上时,每层框支柱承受的剪力之和应取基底剪力的 30%。

框支柱剪力调整后,应相应地调整框支柱的弯矩及与框支柱相交的梁端(不包括转换梁)的剪力和弯矩,框支柱的轴力可不调整。

4. 底部加强部位结构内力的调整

①底部加强部位的范围:

底部加强部位的范围规定为框支层加上框支层以上二层及墙肢总高度的 1/8 两者的较大值。剪力墙底部加强部位包括落地剪力墙和转换构件上部二层的剪力墙。

②薄弱层:

底部带转换层的高层建筑,转换层上部楼层的部分竖向构件不能连续贯通至下部楼层,因此,转换层是薄弱楼层,对转换层的转换构件水平地震作用产生的计算内力需调整增大,其地震剪力需乘以 1.15 的增大系数。

8 度抗震设计时,还应考虑竖向地震作用的影响。转换构件的竖向地震作用,可采用反应谱方法或动力时程分析方法计算;作为近似考虑,也可将转换构件在重力荷载标准值作用下的内力乘以增大系数 U。

③转换层在 3 层及 3 层以上时结构的抗震等级:

抗震设计时,高位转换对结构受力十分不利。计算分析说明,在水平地震作用下,倾覆力矩分布曲线在转换层处呈现转折,转换层下部是以剪力墙为主的框架 - 剪力墙结构,落地剪力墙所分配的倾覆力矩由转换层往下递增较快,而支承框架的倾覆力矩递增量很少。此外,转换层处,框支剪力墙的大量剪力通过楼板传递给落地剪力墙,这也是倾覆力矩曲线呈现转折的原因。当转换层位置较高时,剪力分配和传力途径亦发生急剧的突变,落地剪力墙更易产生裂缝,框支剪力墙在转换层上部的墙体所受内力很大,易于破坏,转换层下部的支承框架也易于屈服,容易形成几个薄弱层。因此,为保证设计的安全性,规定部分框支剪力墙结构转换层的位置设置在 3 层及 3 层以上时,其框支柱、剪力墙底部加强部位的抗震等级宜按规定的提高一级采用,已经为特一级时可不再提高,只提高其抗震构造措施;而对于底部带转换层的框架 - 核心筒结构和外围为密柱框架的筒中筒不再提高抗震等级。

5. 转换梁截面设计和构造要求

(1)截面设计方法。

当转换梁承托上部剪力墙且满跨木开洞或仅在各跨墙体中部开洞时,转换梁与上部墙体共同工作,其受力特征和破坏形态表现为深梁,可采用深梁截面设计方法进行配筋计算,并采取相应的构造措施。

当转换梁承托上部普通框架柱或承托的上部墙体为小墙肢时，在转换梁的常用范围内，其受力性能与普通梁相同，可按普通梁截面设计方法进行配筋。

当转换梁承托上部斜杆框架时，转换梁产生轴向拉力，此时应按偏心受拉构件进行截面设计。

（2）框支梁截面尺寸。

框支梁截面宽度不宜大于框支柱相应方向的截面宽度，不宜小于其上墙体截面厚度的2倍，且不宜小于400mm；当梁上托柱时，亦不应小于梁宽方向的柱截面宽度。抗震设计时梁截面高度不应小于计算跨度的1/6，非抗震设计时不应小于计算跨度的1/8；框支梁可采用加腋梁。

（3）框支梁构造要求。

梁上、下部纵向钢筋的最小配筋率，非抗震设计时分别不应小于0.30%，抗震设计时对特一、一和二级抗震等级分别不应小于0.60%、0.50%和0.40%。偏心受拉的框支梁，其支座上部纵向钢筋至少应有50%沿梁全长贯通，下部纵向钢筋应全部直通到柱内；沿梁高应配间距不大于200mm、直径不小于16mm的腰筋。

6. 框支柱截面设计和构造要求

（1）框支柱截面尺寸。

框支柱的截面尺寸主要由轴压比控制并应满足剪压比要求。柱截面宽度非抗震设计时不宜小于400mm，抗震设计时不应小于450mm；柱截面高度，非抗震设计时不宜小于框支梁跨度的1/15，抗震设计时不宜小于框支梁跨度的1/12。

（2）框支柱截面设计。

框支柱应按偏心受力构件计算其纵向受力钢筋和箍筋数量。由于框支柱为重要受力构件，为提高其抗震可靠性，其截面组合的内力设计值除应按框架柱的要求进行调整外，对一、二级抗震等级的框支柱，由地震作用引起的轴力值应分别乘以增大系数1.5、1.2，但计算柱轴压比时不宜考虑该增大系数；同时为推迟框支柱的屈服，提高结构整体变形能力，一、二级框支柱与转换构件相连的柱上端和底层柱下端截面的弯矩组合值应分别乘以增大系数1.5、1.25，剪力设计值也应按相应的规定调整，框支角柱的弯矩设计值和剪力设计值应在上述调整的基础上乘以增大系数11。

（3）框支柱构造要求。

框支柱内全部纵向钢筋配筋率，非抗震设计时不应小于0.8%，抗震设计时一、二级抗震等级分别不应小于1.2%和1.0%。纵向钢筋间距，抗震设计时不宜大于200mm，非抗震设计时不宜大于250mm，且均不应小于80mm。抗震设计时柱内全部纵向钢筋配筋率不宜大于4.0%。

抗震设计时，框支柱箍筋应采用复合螺旋箍或井字复合箍，箍筋直径不应小于10mm，间距不应大于100mm和6倍纵向钢筋直径的较小值，并应沿柱全高加密；一、二级框支柱加密区的配箍特征值应比表 3.20 规定的数值增加 0.02，且体积配筋率不应小于 1.5%。非抗震设计时，框支柱宜采用复合螺旋箍或井字复合箍，其体积配筋率不应小于 0.8%，钢筋直径不宜小于 10mm，间距不宜大于 150mm。

7. 转换层上、下部剪力墙的构造要求

（1）框支梁上部墙体的构造要求。

试验研究及有限元分析结果表明，在竖向及水平荷载作用下，框支边柱上墙体的端部、中间柱上 0.2 框支梁净跨宽度及高度范围内有大的应力集中，因此这些部位的墙体和配筋应予以加强。

（2）剪力墙底部加强部位的构造要求。

落地剪力墙几乎承受全部地震剪力，为了保证其抗震承载力和延性，截面设计时，特一、一、二级落地剪力墙底部加强部位的弯矩设计值应分别按墙底截面有地震作用效应组合的弯矩值乘以增大系数 1.8、1.5 和 1.25 后采用。落地剪力墙的墙肢不宜出现偏心受拉。

对部分框支剪力墙结构，剪力墙底部加强部位墙体的水平和竖向分布钢筋最小配筋率，抗震设计时不应小于 0.3%，非抗震设计时不应小于 0.25%；抗震设计时钢筋间距不应大于 200mm，钢筋直径不应小于 8mm。

8. 具有转换层结构的楼板设计

带转换层的结构都有层间剪力的转移，剪力转移主要依靠楼板，一般剪力转移有个过程，要通过若干层楼板才能完成。例如，试验发现底部大空间剪力墙结构由框支剪力墙转移到落地剪力墙中的剪力往往是很大的，而且可能发生交互式的传递。水平力的传递依靠楼板和转换构件，因此楼板和转换构件都要承受较大的剪力，并且由于有一个交互和传递的过程，与转换层相邻的多层楼板都要传递剪力，因此接近转换层的楼板也要进行加强。

在板式建筑（长条形）或者楼板有较大削弱的结构中，楼板在其平面内变形较大，会改变剪力的传递路线和结果，框支柱的剪力有可能增大，在底部大空间剪力墙结构中，转换层附近楼板不宜开大洞，或者根据计算结果修正框支柱内力设计值，必要时可采用考虑楼板变形的空间计算程序进行计算。

规程要求转换层的上、下要布置一定厚度的现浇混凝土楼板（至少用 180mm），并配置双层钢筋，还应根据结构布置的具体情况和传递剪力的多少考虑是否应将相邻的楼层也予以加强，必要时应校核楼板的剪应力是否超过规范的允许值。混凝土楼板加强时除配置钢筋外，还可配置水平型钢支撑。

第二节　带加强层高层建筑结构设计

加强层是指在高层建筑中，为了增强外围结构与核心结构之间的联系，增大结构整体

刚度和减小结构在水平荷载和地震作用下的侧向变形，沿房屋高度方向的某一层或某几层，设置了刚度较大水平构件的楼层，使本楼层的刚度比其他楼层的刚度大很多，故称为加强层。

加强层是伸臂、环向构件、腰桁架和帽桁架等加强构件所在层的总称，伸臂、环向构件、腰桁架和帽桁架等构件的功能不同，不一定同时设置，但如果设置，它们一般在同一层，凡是具有三者之一时，都可简称为加强层或刚性层。伸臂主要应用于框架—核心筒—伸臂结构中。

一、加强层的作用

用加强层（刚臂）来提高核心筒抗推能力的概念，最早是由 Barbacki 提出，并于1962 年应用于加拿大蒙特利尔的一幢 47 层大楼。

一般加强层主要用在外框架—核心筒结构中，用来减小结构在水平荷载下的侧移以及提高整体抗弯能力。外框架—核心筒结构的内筒是主要抗侧力构件，但内筒的高宽比大，刚度不足，解决的办法是设置加强层。

加强层是由沿房屋高度方向每隔 20 层左右，在设备层、避难层或结构转换层，由核心筒伸出纵、横向刚臂与结构的外圈框架柱相连，并沿外圈框架设置一层楼高的圈梁或桁架所形成的结构新体系。与外框架—核心筒结构体系相比较，刚臂—外框架—核心筒结构体系具有更大的抗推刚度和水平承载力，从而适用于更多层数的高楼。深圳市的商业中心大厦（49 层、高 167m），就是采用该体系。

设置水平伸臂后，在水平力作用下，刚臂带动外围框架柱共同参加抗侧力；由于刚性水平伸臂使外柱产生轴向拉力和压力，它们组成一个力偶平衡了一部分外荷载产生的倾覆力矩，从而有效地减小了核心内墙承受的力矩，提高了结构抗侧刚度（增大 20% 以上），也大大减小了侧移。

刚性水平伸臂与外柱的连接可以是刚接的，也可以做成铰接的。当为刚接时，整个截面可以看作保持平截面假定。

刚臂的刚度大，对于增大结构的抗侧刚度有效。但加强层的层刚度比相邻层大得多，形成刚度突变；同时，框架柱的变形与核心筒的变形在加强层协调，核心筒出现较大的负剪力，框架柱的总剪力为水平力产生的剪力与核心筒产生的负剪力之和，这对框架柱极为不利。因此，刚臂的刚度不宜过大，以满足结构抗侧刚度为宜。用桁架作刚臂优于用梁作刚臂，因为桁架上下弦截面小，减小了刚臂对柱子转动的约束，腹杆能分担柱的剪力，减缓内力分布的不均匀程度。

确定加强层的数量和位置时，应综合考虑加强层的位置并使结构获得最大抗侧刚度。

二、加强层结构类型

加强层水平外伸构件一般可归纳为如下三种基本形式：实体梁（或整层箱形梁）、斜腰杆桁架和空腹桁架。

加强层周边水平环带构件一般可归纳为开孔梁、斜腹杆桁架和空腹桁架三种基本形式。

三、加强层的设计要点

带加强层的高层建筑结构属竖向不规则结构，加强层的设置会引起结构刚度和内力在加强层附近发生明显突变。在风荷载作用下，这种突变对结构的影响较小，但在地震作用下，这种突变易使结构在加强层附近形成薄弱层。根据工程经验和研究成果，提出了带加强层结构非抗震设计和抗震设计中均应符合的几点要求：

（1）结构分析方法。

带加强层高层建筑结构应按三维空间分析方法进行整体内力和位移计算，其水平伸臂构件作为整体结构中的构件参与整体结构计算。计算时，对设置水平伸臂桁架的楼层，宜考虑楼板平面内变形，以便得到伸臂桁架上、下弦杆的轴力和腹杆的轴力。在结构整体分析后，应取整体分析中的内力和变形作为边界条件，对伸臂加强层再做一次单独分析。

在重力荷载作用下，应进行较精确的施工模拟计算，并应计入竖向温度变形的影响。分析时如果按一次加载的图式计算，则会得到内外竖向构件产生很大的竖向变形差，从而使伸臂构件在内筒墙端部产生很大的负弯矩，导致截面设计和配筋构造变得困难。

（2）加强层的位置和数量是由建筑使用功能和结构的合理有效综合考虑决定的。当布置 1 个加强层时，位置可在 0.6H 附近；当布置 2 个加强层时，位置可在顶层和 0.5H 附近；当布置多个加强层时，加强层宜沿竖向从顶层向下均匀布置。这是国内外对加强层数量和位置所做研究的比较一致的结论，可供结构设计人员参考。

（3）水平伸臂构件的刚度比较大，是连接内筒和外围框架的重要构件，设计中应尽量使水平伸臂构件贯通核心筒，以保证其与核心筒的可靠连接。此外，水平伸臂构件在平面布置上宜位于核心筒的转角或 T 字节点处，避免核心筒墙体承受很大的平面外弯矩和局部应力集中而破坏。

水平伸臂构件与周边框架的连接宜采用铰接或半刚接，如采用刚接，则与水平伸臂构件相连的框架柱的强度和延性设计比较困难一些。

结构内力和位移计算中，对设置水平伸臂桁架的楼层宜考虑楼板平面内变形，以便计算伸臂桁架上、下拉杆的轴力，对结构整体内力、位移计算也比较合理。

（4）试验和计算分析说明，加强层的水平伸臂构件及与加强层相邻的框架柱和核心筒所受的内力很大，因此设计中应特别注意加强配筋构造。

（5）为增强结构的整体性，对加强层及其相邻层的楼盖应加强其刚度和配筋。

（6）外围框架柱的轴向压缩变形和竖向温度变形都大于核心筒，应注意在施工中和构造上采取措施，减少外围框架柱和核心筒之间的变形，减少非荷载作用产生的结构附加内力。

（7）加强层及其相邻层的框架柱和核心筒剪力墙是薄弱部位，为保证带加强层结构的基本抗震性能，为避免在加强层附近形成薄弱层，使结构在罕遇地震作用下能呈现强柱弱梁、强剪弱弯的延性机制，《高规》对抗震设计的带加强层结构提出了必须遵守的抗震措施，即加强层及其相邻层的框架柱和核心筒剪力墙的抗震等级应提高一级采用；已为特一级的不再提高；加强层及其上下相邻一层的框架柱、箍筋应全柱段加密，轴压比限值应按规定的数值减少 0.05 采用。

（8）加强层及其相邻楼层核心筒的配筋应加强，其竖向分布钢筋和水平分布钢筋的最小配筋率，抗震等级为一级时不应小于 0.5%，二级时不应小于 0.45%，三、四级和非抗震设计时不应小于 0.4%，且钢筋直径不宜小于 12mm，间距不宜大于 100mm。

（9）加强层及其相邻层楼盖刚度和配筋应加强，楼板应采用双层双向配筋，每层每方向钢筋均应拉通，且配筋率不宜小于 0.35%；混凝土强度等级不宜低于 C30。

第三节　带错层高层建筑结构设计

一、错层的应用

近年来，错层结构时有出现，多数出现在高层商品住宅楼中。开发商为了获得多样变化的住宅室内空间，常将同一套单元内的几个房间设在不同高度的几个层面上，形成错层结构，让人们在高层住宅建筑内享受着别墅式住宅的生活感受。错层结构是指将同层楼面分成两个或两个以上的区段，并且将它们沿房屋高度方向错动形成的结构。

错层结构可以只在一层楼面错层，也可以在多层或所有楼面错层。错层结构的最大特点是可以充分利用建筑空间，并且使其富有多样性，但是给结构的设计计算带来复杂性。

错层结构的形式可归纳为三类：包含型错层结构、交叉型错层结构和混合型错层结构。实际工程中，错层的情况可能是多种多样、变化无常的。

二、错层结构的受力特点

（1）由于错层，楼板被分成数块，且相互错置，削弱了楼板协同结构整体受力的能力。在相同水平荷载或地震作用下，结构的变形比普通框架结构或普通框架 - 剪力墙结构的变形大。

（2）由于楼板错层，有可能使错层处的框架柱或墙形成短柱和矮墙，形成许多短柱与长柱混合的不规则体系或错洞剪力墙。在水平荷载和地震作用下，这些短柱和矮墙的延性差，容易发生脆性破坏。

（3）由于错层，使得错层处框架柱的梁、柱节点应力集中，受力复杂，容易发生破坏。错层柱沿高度方向反向弯曲的数量增多，受力更加复杂。

三、错层结构的研究

20 世纪 70 年代后期，谢靖中等采用了两种集中力模型分析了错层构件的刚度变化情况。其主要结论有：①错层有助于提高结构的抗侧刚度；②错层对结构的整体性能有不利的影响，特别是在错层处的短构件，由于楼层的相互错开而形成较大的内力。董平等从实际工程出发，总结了几点对错层结构设计应注意的事项：①对高层错层结构在错层处应在纵横向布置剪力墙，并使其相互形成扶壁，错层处布置单独的框架柱是不可取的；②错层不宜沿通高设置，错层中应设置一定数量的贯通层，分为几个区段，且每个区段包含的错层层数不宜太多，贯通层要重点加强。

四、错层结构的设计要点

（1）试验结果表明，平面布置不规则、扭转效应显著的错层剪力墙结构破坏严重；而平面布置规则的错层剪力墙结构，其破坏程度相对较轻。计算分析表明，错层框架结构或错层框架 - 剪力墙结构，其抗震性能比错层剪力墙结构更差。因此，抗震设计时，高层建筑宜避免错层。当房屋不同部位因功能不同而使楼层错层，宜用防震缝划分为独立的结构单元。另外，错层结构房屋其平面布置简单、规则，避免扭转；错层两侧宜采用结构布置和侧向刚度相近的结构体系，以减小错层处墙、柱的内力，避免错层处形成薄弱部位。

（2）楼层错层后，沿竖向结构刚度不规则，难以用简化方法进行结构分析。因此，对错层高层建筑结构宜采用三维空间分析程序，按结构的实际错层情况建立计算模型，相邻错开的楼层不应归并为一个楼层计算。目前，国内开发的三维空间分析程序 TBSA、TBWE、TAT、SATWE、TBSAP 等可用于分析错层结构。

对于错层剪力墙结构，当因楼层错层使剪力墙洞口不规则时，在结构整体分析之后，对洞口不规则的剪力墙宜进行有限元补充计算，其边界条件可根据整体分析结果确定。

（3）9 度抗震设计时不应采用错层结构。设计中如遇到错层结构，除应采取必要的计算和构造措施外，其最大适用高度应符合下列要求：7 度和 8 度抗震设计时，错层剪力墙结构的房屋高度分别不宜大于 80m 和 60m；错层框架 - 剪力墙结构的房屋高度分别不应大于 80m 和 60m。

（4）在错层结构的错层处，其墙、柱等构件易产生应力集中，受力较为不利，应采用下列加强措施：

①错层处框架柱的截面高度不应小于600mm，混凝土强度等级不应低于C30，抗震等级应提高一级采用，箍筋应全柱段加密。

②对错层处平面外受力的剪力墙，其截面厚度，非抗震设计时不应小于200mm，抗震设计时不应小于250mm，并均应设置与之垂直的墙肢或扶壁柱；抗震等级应提高一级。错层处剪力墙的混凝土强度等级不应低于C30，水平和竖向分布钢筋的配筋率，非抗震设计时不应小于0.3%，抗震设计时不应小于0.5%。

如果错层处混凝土构件不能满足设计要求，则需采取有效措施改善其抗震性能。如框架柱可采用型钢混凝土柱或钢管混凝土柱，剪力墙内可设置型钢等，

第四节　多塔楼高层建筑结构设计

一、概述

近年来，随着高层建筑的迅速发展，出现了越来越多的大底盘多塔楼结构，即底部几层，布置为大底盘，上部采用两个或两个以上的塔楼作为主体结构。这种多塔楼结构的主要特点是在多个塔楼的底部有一个连成整体的大裙房，形成大底盘。

大底盘多塔楼高层建筑结构在大底盘上一层突然收进，使其侧向刚度和质量突然变化，故这种结构属竖向不规则结构。另外，由于大底盘上有两个或多个塔楼，结构振型复杂，除同向振型之外，还出现反向振型。当各塔楼质量和刚度分布不均匀时，还会产生复杂的扭转振动，引起结构局部应力集中，高阶振型对内力与变形的影响更为突出。如果结构布置不当，则竖向刚度突变、扭转振动反应及高振型的影响将会加剧。

多塔高层结构在荷载和地震作用下的性能主要与下面的因素有关：

（1）塔楼的结构形式。

（2）塔楼的对称性。

（3）塔楼刚度与底盘刚度之比值。

（4）塔楼的间距。

因此，多塔楼结构的结构布置应满足下列要求：

（1）多塔楼建筑结构各塔楼的层数、平面和刚度宜接近。

多塔楼结构模型振动台试验和数值计算分析结果表明，当各塔楼的质量和侧向刚度不同、分布不均匀时，结构的扭转振动反应大，高振型对内力的影响更为突出。所以，为了减轻扭转振动反应和高振型反应对结构的不利影响，位于同一裙房上各塔楼的层数、平面

形状和侧向刚度宜接近；如果各塔楼的层数刚度相差较大时，宜用防震缝将裙房分开。

（2）塔楼的底盘宜对称布置。塔楼结构的综合质心与底盘结构质心距离不宜大于底盘相应边长的20%。

试验研究和计算分析结果表明，当塔楼结构与底盘结构质心偏心较大时，会加剧结构的扭转振动反应。所以，结构布置时应注意尽量减小塔楼与底盘的偏心。

（3）抗震设计时，转换层不宜设置在底盘屋面的上层塔楼内；否则，应采取有效的抗震措施。

若多塔楼结构中采用带转换层的结构，则结构的侧向刚度沿竖向突变与结构内力传递途径改变同时出现，会使结构受力更加复杂，不利于结构抗震。如再把转换层设置在大底盘屋面的上层塔楼内，则转换层与大底盘屋面之间的楼层更容易形成薄弱部位，加剧了结构破坏。因此，设计中应尽量避免将转换层设置在大底盘屋面的上层塔楼内；否则，应采取有效的抗震措施，包括提高该楼层的抗震等级、增大构件内力等。震害及计算分析表明，转换层宜设置在底盘楼层范围内，不宜设置在底盘以上的塔楼内。

二、多塔楼高层结构的设计要点

1. 结构分析方法

对大底盘多塔楼高层建筑结构，应采用三维空间分析方法进行整体计算。大底盘裙房和上部各塔楼均应参与整体计算，不应切断裙房分别进行各塔楼部分的计算。

多塔高层结构的主要分析模型有以下几种：

（1）串并联质点系层模型。

该模型对结构各楼层仅考虑两个正交水平方向上的自由度，不考虑结构的扭转自由度。由于各个塔楼振动相对比较独立，仅通过底盘相互耦联，可以把各个塔楼看作多个并联的串联质点系；底盘刚度较大时，可以作为单个串联质点系，塔楼和底盘通过主从节点相连。

（2）串并联刚片系层模型。

在多塔结构中，对于各塔楼引入楼面无限刚度假设后，形成几个并联的串联刚片系，与其底盘的串联刚片系通过主从节点连接后。在这种动力模型中，每个刚片具有三个自由度，楼层的质量集于刚片的质心。

（3）考虑底盘楼板变形的串并联刚片系层模型。

在多塔结构中，当底盘由于开洞或平面变化使得塔楼平面内刚度较弱或因塔楼间距较大而必须考虑底盘楼盖的平面内变形的影响时，应将塔楼间底盘的楼盖视为弹性板。

（4）分段连续化串并联组模型。

在此模型中，将大底盘、上部塔楼分别简化为若干个均匀连续化的子结构，并假定每个子结构内的物理和几何参数保持不变，沿高度方向各子结构彼此串联，沿横向各塔楼子结构通过底盘并联在一起。

（5）三维空间动力分析模型。

较常用的是协同三维模型，该模型按多个刚性平面块假设将塔楼分块，各块平面内刚度无穷大，块与块之间可用弹性单元连接。动力刚度矩阵采用静力总刚，协同三维模型比全三维模型的结构自由度大大降低。

实际建模时，应考虑结构特点、分析精度、计算工作量、待解决问题的特点等因索，选择合理的模型。

2.大底盘多塔楼高层建筑结构加强措施

大底盘多塔楼高层建筑结构，其受力最不利部位是各塔楼之间的裙房连接体。这些部位除应满足一般结构的有关规定外，尚应采用下列加强措施：

（1）为保证多塔楼高层建筑结构底盘与塔楼的整体作用，底盘屋面楼板应予以加强，其厚度不宜小于150mm，并应加强配筋构造，板面负弯矩钢筋宜贯通；底盘屋面上、下层结构的楼板也应加强构造措施。当底盘屋面为结构转换层时，其底盘屋面楼板的加强措施应符合转换层楼板的规定。

（2）为保证多塔楼高层建筑中塔楼与底盘的整体工作，抗震设计时，对其底部薄弱部位应予以特别加强。多塔楼之间裙房连接体的屋面梁应加强；塔楼中与裙房连接体相连的外围柱、剪力墙，从固定端至裙房屋面上一层的高度范围内，柱纵向钢筋的最小配筋率宜适当提高，柱箍筋宜在裙房屋面上、下层的范围内全高加密，剪力墙宜按抗震规范规定设置约束边缘构件。

（3）双轴对称多塔高层结构在地震作用下的动力特性和地震响应可近似地按单塔结构计算。非对称多塔高层结构在地震作用下，较高塔楼和较柔塔楼的地震响应，比按单塔分析的大，平扭耦联效应加强。

（4）底盘高度与结构总高度之比太小和太大，都会使塔楼顶层的楼层位移和最大层间位移角增大，合理的底盘高度与结构总高度的比值一般为0.3~0.4。

（5）当地震烈度在8度和8度以上时，竖向地震对多塔高层结构的影响不可忽视。竖向地震作用产生的内力，有时超过重力荷载产生的内力。多塔高层结构在竖向地震作用下，可以采用串并联多质点模型或三维梁、壳单元模型进行分析。

第五节　连体高层建筑结构设计

一、概述

　　高层建筑连体结构是近十几年来发展起来的一种新型结构形式。一方面通过设置连体将不同建筑物连在一起，另一方面由于连体结构独特的外形，带来强烈的视觉效果，可以使建筑更具特色。在高层建筑设计中，为建筑美观和方便两塔楼之间的联系，常在两塔楼上部用连廊或天桥相连，形成连体高层建筑。

　　震害经验表明，地震区的连体高层建筑破坏严重，主要表现为连廊塌落，主体结构与连接体的连接部位破坏严重。两个主体结构之间设多个连廊的，高处的连廊首先破坏并塌落，底部的连廊也有部分塌落；两个主体结构高度不相等或体型、面积和刚度不同时，连体破坏尤为严重。因此，连体高层建筑是一种抗震性能较差的复杂结构形式。抗震设计时B级高度高层建筑不宜采用连体结构，7度、8度抗震设计时，层数和刚度相差悬殊的建筑不宜采用连体结构。另外，为提高整体结构的抗震性能，连体结构各独立部分宜有相同或相近的体型、平面布置和刚度分布，其两个主体结构易采用双轴对称的平面形式。

二、连体结构的分类

　　根据连接体结构与塔楼的连接方式，可将连体结构大致分为两类：

1. 强连接方式

　　当连接体结构包含多层楼盖，且连接体结构刚度足够，能将主体结构连接为整体协调受力、变形时，可做成强连接结构。连接体与塔楼结构整体协调，共同受力，此时连接体除承受重力荷载外，更主要的是要协调连接体两端的变形及振动所产生的作用效应。一般情况下，连接体同塔楼的连接处受力较大，构造处理较复杂，选择合适的连接体刚度、结构形式及支座处的构造处理非常重要。

2. 弱连接方式

　　如果连接体结构较弱，无法协调连接体两侧的结构共同工作，此时可做成弱连接，即连接体一端与结构铰接，一端做成滑动支座，或两端做成滑动支座，此时应重点考虑滑动支座的做法，限复位装置的构造，并应提供滑动支座的预计滑移量。

三、连体结构的受力特点

1. 扭转效应需引起重视

较之其他体型结构，连体结构扭转振动变形较大，扭转效应较明显，应引起重视。当有风或地震作用时，结构除产生平动变形外，还将产生扭转变形，扭转效应随两塔楼不对称性的增加而加剧。即使对于对称双塔连体结构，由于连接体楼板变形，两塔楼除有同向的平动外，还很有可能产生两塔楼的相向运动，该振动形态是与整体结构的扭转振型合在一起的。实际工程中，由于地震在不同塔楼之间的振动差异是存在的，两塔楼的相向运动的振动形态极有可能发生响应，此时连体部分结构受力很不利。对多塔连体结构，因体型更为复杂，振动形态也将更复杂，扭转效应更加明显。

2. 连接体部分受力复杂

连接体部分是连体结构的关键部位，其受力较复杂。连接体部分一方面要协调两侧结构的变形，在水平荷载作用下承受较大的内力；另一方面当本身跨度较大时，除竖向荷载作用外，竖向地震作用影响也较明显。

3. 重视连接体两端结构连接方式

连接体结构与两侧塔楼的支座连接是连体结构的另一关键问题，如处理不当结构安全将难以保证。连接处理方式一般根据建筑方案与布置来确定，可以有刚性连接、铰接、滑动连接等，每种连接方式的处理方式不同，但均应进行详细分析与设计。

连体高层结构在荷载和地震作用下的受力性能主要与下面的因素有关：

（1）塔楼的结构形式。

（2）塔楼的对称性。

（3）塔楼的间距。

（4）连接体的数量、刚度和位置。

（5）连接体与塔楼的连接方式。

（6）有底盘时底盘层数、高度及楼面刚度。

（7）竖向地震作用影响。

（8）风荷载对结构的脉动影响。

四、连体高层结构的设计要点

（1）试验研究和理论分析表明，连体高层建筑的自振振型较为复杂，其前几个振型与单体建筑明显不同，除顺向振型（两个塔楼振动方向相同）外，还出现反向振型（两个塔楼振动方向相反）。因此，连体高层建筑应采用三维空间分析方法进行整体计算，主体结构与连接体均应参与整体分析。不应切断连接部分，分别进行各主体部分的计算。

（2）架空的连接体对竖向地震的反应比较敏感，尤其是跨度较大、自重较大的连接体的竖向地震反应更为明显。因此，8度抗震设计时，连体结构的连接体应考虑竖向地震作用的影响。连接体的竖向地震作用可按振型分解法或时程分析法计算。近似考虑时，连接体的竖向地震作用标准值可取连接体重力荷载代表值的10%，并按各构件所分担的重力荷载值的比例进行分配。

（3）连接体与主体结构的连接。

连体结构中连接体与主体结构的连接如采用刚性连接（类似于现浇框架结构中梁与柱的连接），则结构设计和构造比较容易实现，结构的整体性亦较好；如采用非刚性连接（类似于单层厂房中屋面梁与柱顶的连接），则结构设计及构造相当困难，要使若干层高、体量颇大的连接体具有安全可靠的支座，并能满足两个方向在罕遇地震作用下的位移要求，是很难实现的。因此，连接体结构与主体结构只采用刚性连接，必要时连接体结构可延伸至主体部分的内筒，并与内筒可靠连接。当连接体结构与主体结构非刚性连接时，其支座滑移量应能满足两个方向在罕遇地震作用下的位移要求，

（4）连接体结构及相邻结构构件的抗震等级。

为防止地震时连接体结构以及主体结构与连接体结构的连接部位严重破坏，保证整体结构安全可靠，抗震设计时连接体及与连接体相邻的结构构件的抗震等级均应提高一级采用，一级提高至特一级；若原抗震等级为特一级则不再提高。

（5）连接体结构的加强措施。

连接体结构应加强构造措施。连接体结构的边梁截面宜加大，楼板厚度不宜小于150mm，宜采用双层双向钢筋网，每层每方向钢筋的配筋率不宜小于0.25%。

连体结构可采用钢梁、钢桁架或型钢混凝土梁，型钢应伸入主体结构并加强锚固。

当连接体结构含有多个楼层时，应特别加强其最下面一至两个楼层的设计及构造措施。

（6）连体高层建筑结构的各独立部分宜有相同或相近的体型、平面和刚度，7度、8度抗震设计时，层数和刚度相差悬殊的建筑不宜采用强连接的连体结构。

连接体结构自身重量应尽量减轻，因此应优先采用钢结构，也可采用型钢混凝土结构等。

（7）抗震计算时，应考虑平扭耦联计算结构的扭转效应，要考虑偶然偏心的影响，并宜进行双向地震作用验算，重点关注结构因特有的体型带来的扭转效应。振型数不应小于15，多塔楼结构的振型数不应小于塔楼数的9倍，且计算振型数应使振型参与质量不小于总质量的90%。应采用弹性时程分析法进行补充计算。宜采用弹塑性静力或动力分析方法验算薄弱层弹塑性变形。

对8度抗震设防地区的连接体结构，应考虑竖向地震作用。

（8）在风荷载作用下，要注意各塔楼之间的狭缝效应给结构带来的影响。

（9）弱连接体结构（架空连廊）设计。

如果连接体与主体结构的连接方式两端均为滑动连接，则在水平荷载作用下连接体部分对主体结构影响较小；如果一端为滑动连接，一端为被接，连接体对铰接一端有一定影响，计算时要考虑。如果是采用带阻尼器的连接方式，计算时需考虑连接体阻尼器与主体结构的共同作用。

对弱连接连体结构，以往对竖向地震作用考虑较少。实际上，即使采用滑动连接或弹性连接，连接体的竖向地震作用依然存在。因此，8度、9度抗震设防时，弱连接的连体结构也应考虑竖向地震的影响，并宜进行竖向地震作用下的时程分析。

连廊部分结构宜采用轻型结构，宜优选钢结构及轻型围护结构，连廊部分重量越轻，则连廊部分构件及连廊支承构件受力越小，对抗震越有利。

连廊与主体结构连接要可靠，支座部位是连廊结构的关键，设计时要有所加强，要有较高的可靠度，宜按大震不屈服设计。

第十章 建筑设计中的技术与经济问题

第一节 建筑结构与建筑设计

一、建筑结构与建筑设计的关系

建筑是一种人造空间。建筑在建造和使用过程中都要承受各种荷载的作用，包括自身的重量、人与家具设备的重量、施工堆放材料的重量、风力、地震力、温度应力等等，它们都有可能使房屋变形，甚至遭受破坏。建筑结构就是指保持建筑具有一定空间形状并能承受各种荷载作用的骨架。建筑结构有时也简称为结构。

功能、技术、艺术形象是建筑的三大构成要素。建筑结构与材料、设备、施工技术、经济合理性等共同构成建筑技术，是房屋建造的手段，同时也是保证安全的重要手段。

任何一种结构形式，都是为了适应一定的功能要求而被人们创造出来的。随着建筑功能的日益复杂，建筑结构也在不断变化和发展，并不断趋于成熟。例如，为了能灵活划分空间，并向高层发展，出现了框架结构；为了求得巨大的室内空间，出现了各种大跨度结构等。反过来，建筑结构的进步，也在一定程度上改变了人们的生产、工作与生活。例如，有了气承式结构，我们甚至可能将整个城市覆盖起来，建筑功能的内涵也就大不一样了。

结构形式不但要适应建筑功能的要求，而且应为创造建筑的美而服务。运用得当，建筑结构自身也在创造美。古罗马的穹顶和拱券结构，为建造大跨度和高大建筑解决了技术问题，同时也以它优美的形象给人以深刻印象。古代毡石结构的敦实厚重、现代结构的轻盈通透，都给人以美感。所以，建筑结构的发展也在一定程度上改变了人的审美观。

在现代的设计工作中，建筑和结构是两个既相互独立又紧密联系的专业工种。前者侧重解决适用与美观问题，后者侧重解决坚固问题；前者处于先行和主导地位，后者处于服务和从属地位。从分工来看，建筑设计由建筑师完成，结构设计由结构工程师完成；但是，二者之间并非完全独立，而是相互制约、密切配合的关系。只有真正符合结构逻辑的建筑才具有真实的表现力和实际的可行性。建筑构思必须和结构构思有机结合起来，才能创造出新颖而富于个性的建筑作品。所以，建筑师必须具备结构知识，在创造每个建筑作品时，都能考虑到结构的合理性和可行性，并挖掘出结构内在的美；在设计进一步深化的过程中，建筑师还要能与结构工程师实现最佳的配合。

二、结构选型

结构选型即结构方案的选择，是确定空间组合和建筑造型的重要环节。结构选型是一项复杂的工作，也是一项综合性强的科学问题。一个最佳结构方案的产生，往往需要做大量调查研究，反复分析比较，并与结构工程师密切配合。

（一）结构选型的原则

1. 充分满足建筑功能的要求

例如：影剧院观众厅为保证视听效果，不能在厅内设柱，必须采用大跨结构；大型商场需要灵活而流动的空间，所以适于采用框架结构。

2. 扬长避短，充分发挥各种结构的优势

每种结构形式有它的优点、缺点，各有其适用范围，所以要结合具体情况选择。例如：砌体结构可就地取材，施工简单，墙体多且有较好的围护和分隔空间的能力，适用于房间多、层数少的建筑。

3. 适应建筑造型的需要

例如：折板屋面有良好的韵律感；框架结构使外墙面开窗变得很自由，甚至可以做成玻璃幕墙。

4. 考虑建筑材料与施工条件

结构的发展离不开建筑材料的发展和施工技术的进步。各地材料供应和施工力量有差异，所选用的结构也有不同。例如：当钢材供应尚困难或钢材的加工、连接、防腐技术尚不完善时，就不可能大量采用钢结构；当吊装问题没有解决时，就不要采用大跨度的预制屋架。

5. 降低造价

在有的条件下，采用几种结构形式都是可能的，最后的决策常常取决于经济因素。尽量采用地方材料或工业废料，也是降低造价的一种途径。

6. 推广新技术，促进建筑工业化的发展

工业化的发展和技术的进步将改变建筑业的面貌，创造巨大的社会财富。但在起始阶段，也可能要加大投入，从长远的利益看，这也是必要的。

（二）常用结构形式

1. 墙承重结构体系

以墙为主要竖向受力构件的结构称为墙承重结构体系。这种结构体系的最大特点是：墙既用来围护、分隔空间，形成空间的垂直面，也用来承受梁、屋架、板传来的荷载，具有双重功能。

墙承重结构是最古老的结构体系。作为承重结构的墙体材料与施工方法随时代的发展在不断变化。早期的墙体材料主要是生土、石和砖，采用夯筑或砌筑法施工。现在除砖砌体外，其他形式已较少采用。随着工业化的发展，现代又出现了各种砌块建筑，以及采用预制装配法施工的大型墙板建筑。

目前我国采用最多的墙承重结构体系是砖混结构。它的竖向承重构件主要是砖砌体，水平承重构件（包括屋架和楼梯）主要采用钢筋混凝土。这种结构形式能就地取材，施工简单、造价低廉，适应于我国大多数地区当前的经济和技术水平。然而，这种结构形式也存在很多缺点，主要是：

（1）烧砖要占用耕地，消耗燃料，与农业发生矛盾，且浪费能源；

（2）砌砖劳动强度大，速度也慢，不利于实现工业化和提高工效；

（3）砖砌体强度低，墙体厚，增加了房屋的自重，减少了房屋的使用空间。

由于这些缺点，近年来我国加快了墙体改革的步伐，特别是砌块建筑发展很快。由于砌块不用烧制，可以利用工业废料和地方材料，高、宽尺寸可以加大，厚度减薄，所以加快了施工进度，增加了房屋的使用空间，显示了很大的优越性。此外，具有高度工业化水平的大型墙板也受到重视。

总的来说，墙承重结构体系适用于多层和低层建筑；由于它需要很多墙体来承重，所以特别适合于由很多小房间组成的建筑，如住宅、宿舍、中小型办公楼等。墙承重结构体系一般不适用于高层建筑，也不适用于需要大空间的建筑。由于墙体承重，所以墙上的开门、开窗也要受到一定限制，建筑立面效果常显得较厚实。

2. 框架结构体系

由梁、柱组成骨架承受全部荷载作用，且梁、柱之间采取刚性连接的结构称为框架结构体系。这种结构体系的最大特点是承重结构和围护、分隔构件完全分开，墙只起围护、分隔作用。

框架结构体系从使用材料来分主要有钢筋混凝土框架和钢框架两类。钢筋混凝土框架的优点是造价低、耐久性和耐火性都较好；缺点是自重较钢结构大，施工速度和抗震性能也不如钢结构。钢框架的优点是自重轻，施工速度快，抗震性能好，但造价高，钢材的防锈蚀问题较难解决。目前，我国主要采用钢筋混凝土框架。钢筋混凝土框架按施工方法的不同，可分为全现浇整体式框架、装配式框架、装配整体式框架和半现浇式框架四种。半现浇式框架是指梁、柱现浇，楼板预制或者柱现浇，梁、板预制的框架结构。半现浇框架构造简单，比全现浇整体式框架节约模板约20%，比装配式框架节省钢材且整体性较好，所以应用较广，尤其是梁、柱现浇，楼板预制的半框架结构更受欢迎。

框架结构虽然比砖混结构造价高，但由于具有很多优点，所以应用也很广。其主要优点是：

（1）内墙不需承重，可以采用自重小、厚度薄的隔墙，这样，减轻了房屋的重量，增加了使用面积，而且使空间的划分变得异常灵活，提高了建筑的使用范围；

（2）由于外墙不承重，开窗较自由，底层可以全部架空，外墙面可以用带形窗、转角窗，甚至玻璃幕墙，使建筑形象变得轻盈活泼；

（3）框架结构承载能力更好，传力更可靠，抗振动和侧移的能力也更强，因而能建更大的跨度和更多的层数。

框架结构适用范围较广，工业建筑和民用建筑都大量采用，特别适宜要求大空间和能灵活划分空间的建筑。实践表明，框架结构的合理层数为6~15层，10层左右最为经济；在非地震地区，也可用于15~20层的建筑。

3. 半框架结构体系

半框架结构体系包括外围用墙承重，内部用梁、柱承重的内框架结构和底层用框架承重、上部用墙体承重的底层框架结构。它们是框架结构和混合结构结合或变形的结果。

内框架结构又称部分框架结构或墙与内柱共同承重结构，其主要特点是建筑内部为梁、柱组成的框架，而外围是承重的墙体，梁一端与柱刚性连接，另一端与墙铰接。这种结构具有框架结构内部空间大、划分灵活的优点，且造价稍低，但是，由于外墙承重，开门、窗仍受一定限制；此外，由于两种结构材料弹性模量不同，房屋的整体刚度也较差，所以不能用于高层建筑和地震区的建筑。

底层框架结构的特点是底层采用钢筋混凝土框架，其余各层采用墙承重结构。这种结构为底层提供了较灵活的空间划分，因而常用在临街的商住楼和办公楼中。然而，这种结构体系"上刚下柔"，对抗震不利，所以在地震区需采取抗震加固措施，如在底层增加抗震墙。这种结构体系也不宜建高层建筑。此外，还有做二层或三层框架，上面再用墙承重结构的，其特点与底层框架结构体系近似。

4. 悬挑结构体系

悬挑结构采用的材料一般为钢筋混凝土和钢。悬挑的方式可分为单面、双面、四面等。若干个四面悬挑的结构组合起来，也可以覆盖大面积空间。悬挑结构的特点是立柱少，四周不设墙，空间开敞、通透，建筑形象轻巧活泼，但造价一般稍高，施工难度稍大。这种结构常用于雨篷、敞廊和挑台中。

5.框架—剪刀墙结构体系

由于风荷载、地震荷载的影响，高层建筑结构不但要承受竖向压力，还要承受水平荷载所产生的弯矩和剪力，因而必须有足够的抗侧力刚度。框架结构虽然有较高的承载能力和一定的抗侧移能力，但随着层数的增多，抗侧力刚度便显不足。据分析，一幢 18 层高的房屋，若采用框架结构，则底层柱的截面尺寸约需 950mm×950mm，这显然是不经济的。如果在框架之间增加一些刚度很大的墙，用以承担巨大的剪力（这种墙被称为剪力墙），这样组成的结构形式便称为框架—剪力墙结构体系。在这种体系中，竖向荷载由框架和剪力墙共同承担，而水平荷载的 80%~90% 都由剪力墙承担，因而它具有更好的抗侧移能力。这种结构体系适用于 15~25 层建筑，最高不宜超过 30 层，最经济的范围是 12~15 层。

6.剪力墙结构体系

当房屋层数进一步增加（一般超过 25 层）时，水平荷载不断增大，如果仍然采用框架—剪力墙结构体系，则需要设置很多剪力墙，此时框架的作用已很小；当剪力墙完全取代了框架时，就成为一种新的结构体系—剪力墙结构体系。

剪力墙结构体系适用于 15~50 层的建筑。由于这种结构有很多横墙，空间的划分相对受限制，所以适用于住宅、旅馆等需要很多小房间的建筑。

7.筒体结构体系

由若干片纵横交接的剪力墙围合成筒状封闭形骨架，这样的受力体系称为筒体结构体系。筒体结构有很大的抗侧力刚度和抗扭能力，所以能承受更大的水平荷载。筒体结构有很多种形式，如框架与筒体结合、筒套筒、群筒等。筒体结构造价高，主要用于高层和超高层公共建筑，如办公楼等。

（三）框架结构

1.结构布置方案

根据承重框架的布置方向不同，框架结构布置方案有以下三种：

（1）主要承重框架横向布置；

（2）主要承重框架纵向布置；

（3）主要承重框架纵、横两向布置。

2.柱网布置

框架的柱网布置形式和尺寸，在满足使用功能前提下，应尽量简单、规则、对称、整齐。柱网尺寸还应符合经济原则和建筑模数要求。

由于使用功能和空间组合形式不同，柱网尺寸相差很大，一般柱距为 3.3~6m，跨度为 6~12m。对于办公楼、旅馆、宿舍等房间划分整齐、开间进深不大的建筑，柱网常布置成四列、三列或二列。采用四列柱时，一般开间 3.6~4.2m，跨度 4.8~6.6m；采用三列柱时，开间 3.6~4.2m，跨度 4.8~8.1m；采用两列柱时，一般两开间设一柱，柱距 7.2~8.4m，跨度 6.6~8.1m。对于商业建筑，由于功能上要求柱不能太密，且应与柜台的布置相协调，所以柱网尺寸常为 6m×6m、7.2m×7.2m、7.5m×7.5m>8m×8m，也有采用 9m×9m、12m×12m 的。当底层与上部房屋用途不相同时，应尽量兼顾两者对空间划分的要求，尽量使隔墙放在框架梁或次梁上，否则，宜采用轻质墙放在楼板上。

3. 楼、屋盖的结构形式与布置

框架结构的楼（屋）盖除可采用前述现浇肋形楼（屋）板、井字梁楼（屋）板和预制铺板式楼（屋）板外，还可采用无梁楼（屋）板和装配整体式楼（屋）板。

无梁楼板指不设梁而直接将板支承在柱上的楼板结构。它可以现浇，也可以在地面预制后用升板法施工。这种楼盖底部平整，室内净空大，便于安装管道与顶棚，所以常用于冷藏库、仓库、商场、多层厂房等楼面活荷载超过 5kN／㎡ 的建筑。无梁楼板的柱网常为正方形，以 6m 左右柱距为经济。当采用矩形柱网时，长跨与短跨的比值不应大于板的厚度一般为跨度的 1/32~1/40，常用 160~200mm，通常不小于 120mm。

装配整体式楼板常用于整体性要求高，而又需节省模板和缩短工期的建筑。装配整体式楼板又可分为叠合式板、密肋空心破板、预制小梁现浇板等形式，应用最多的是叠合式板。它是在预制板面再现浇一层 30~50mm 厚钢筋混凝土，或将预制板缝加大到 60~150mm，然后现浇连接板带而形成的一种结构。它的整体性优于预制装配式，模板消耗又少于现浇式。

4. 框架结构体系的其他问题

（1）构件形式与尺寸

框架主梁截面在全现浇框架中一般做成矩形并与板整浇，在装配式框架和半现浇的框架中多做成 T 形或花篮形，在装配整体式框架中一般做成花篮形，连系梁截面在装配式框架中一般做成 T 形、厂形、L 形、倒 T 形、Z 形，当现浇楼板时为矩形。

框架柱的截面一般为矩形，为满足造型需要，也可为圆形、多边形、十字形等。

（2）变形缝

与砖混结构一样，框架结构也应按规范要求设变形缝。为避免伸缩缝过多，可设后浇带，即施工时在需要设缝的地方留出 700~1000mm 宽暂不浇混凝土，待混凝土大部分收缩稳定后再在这部分浇混凝土。

（3）梁的布置

进行框架结构布置时，应尽量简化各构件的传力途径，使结构受力明确、直接、合理。一般应避免框架梁抬框架梁，也要尽量避免二级次梁甚至三级次梁。

5. 抗震构造措施

（1）限制房屋高度和高、宽比

现浇钢筋混凝土框架结构房屋最大高度为 7 度 55m，8 度 45m，9 度 25m。不规则框架和不利场地上的框架，最大高度还应适当降低。

房屋的高宽比一般应控制在 5~6 以下。在 8 度以上时，高宽比还应适当减小。

（2）尽量采用平面布置简单、规则、对称、刚度均匀连续的结构形式，最好设计成规则框架，即应符合下列条件：

平面局部突出部分长度不大于其宽度，且不大于该方向平面总长的 30%。

立面局部收进的尺寸，不大于该方向立面总尺寸的 25%。

竖向刚度均匀连续，避免刚度、层高、柱截面尺寸等突变。

平面内质量分布和抗侧力的框架、填充墙布置基本均匀对称，避免楼梯、电梯、大型设备；砌体隔墙等偏置于房屋的一端。

应双向布置正交的框架，不应采取纵向连续梁的框架体系；建筑平面呈斜交时，框架轴线应尽量正交；避免出现错层或局部形成短柱，以及抽梁或抽柱，使荷载传递路线改变。

框架中砌体填充墙在平面和竖向布置中最好均匀对称。

（3）控制构件截面尺寸

框架构件尺寸估算已如上述。另外，还应尽量减少框架上的偏心距，如偏心距较大，应加大构件截面尺寸。

（四）半框架结构

半框架结构应分别按上述砖混结构和框架结构的要求进行设计。

（1）平面形状和立面布置尽量对称、规则。

（2）房屋的总高度和层数不宜超过相应规定。

（3）底层框架砖房的底层与第二层的侧移刚度不应过分悬殊。为增大底层刚度，可在纵、横两个方向布置一定数量的抗震墙。抗震墙最好采用钢筋混凝土墙，但 6 度和 7 度时允许采用嵌砌于框架之间的粘土砖墙或混凝土小砌块墙。抗震墙应均匀、对称布置，优先考虑房屋的外墙（特别是山墙）、电梯井及楼梯间周围的墙作为抗震墙。

（4）设置圈梁和构造柱的要求：

1）底层框架砖房和多层内框架砖房，凡采用装配式钢筋混凝土楼、屋盖的楼层，均应设梁；采用现浇或装配整体式钢筋混凝土楼板时，可不另设圈梁，但楼板应与相应的构造柱用钢筋可靠连接。

2）底层框架砖房的上部各层，应根据房屋总层数按照多层砌体房屋的规定设置钢筋混凝土构造柱。

3）多层内框架砖房，应在下列部位设置构造柱：外墙四角和楼、电梯四角；6 度不低于五层时，7 度不低于四层时，8 度不低于三层时和 9 度时，抗震墙两端和无组合柱的外纵、横墙对应于中间柱列轴线的部位。

（5）底层框架砖房的底层楼盖和多层内框架砖房的屋盖，应采用现浇或装配整体式钢筋混凝土板。

（6）多层内框架砖房的纵向窗间墙宽度不应小于 1.5m；外墙上梁的搁置长度不应小于 300mm，当墙的厚度不能满足搁置长度要求时，应在梁的支承处设壁柱。

（五）影剧院设计中的特殊结构

影剧院观众厅一般为单层建筑，且跨度较大，有时还设夹层，所以结构较特殊。

1. 柱与屋盖结构

除跨度 ≤15m，且高度不大的观众厅可采用附壁砖柱承重外，一般多采用钢筋混凝土柱承重。采用附壁砖柱时，柱距 4~6m。采用钢筋混凝土柱时，柱距常采用 6m 和 12m，以便采用标准屋面构件。

小跨度屋盖可采用屋面梁。跨度大时，为了便于安装管道和上人检修，常采用梯形屋架。

2. 挑台结构

（1）梁板体系

这种体系通常采用横跨大厅跨度方向的钢梁、钢筋混凝土梁或桁架做主要支承结构，形式简单，施工方便，挑出长度较大，但大梁和桁架的截面高度较大（梁高一般为跨度的 1/12~1/8，桁架高度为跨度的 1/8~1/6），与建筑空间处理容易产生矛盾，所以一般用于跨度较小的观众厅。根据结构平面布置，这种方案又分为三种：

1）利用挑台栏板设置大梁；

2）把主梁（或桁架）放在挑台靠近栏板 1/3~1/4 跨度处；

3）采用辅助梁或桁架，以减少主梁（或桁架）的跨度。

（2）悬臂挑梁（桁架）

这种结构出挑长度与厅的跨度无关，故适应性强，同时构造简单，造价较低，特别适合于后退式楼座。

（3）空间薄壁结构

空间薄壁结构是一种三边支承的空间薄壁结构，可以跨过很大的跨度，并可满足提高挑台下净空高度的要求。

3. 防震缝与圈梁

观众厅与休息厅、舞台之间最好不设防震缝，观众厅与两侧附属房屋间也可不设防震缝，但应加强相互间的连接。

在非地震区，采用砖墙承重且墙厚 ≤240mm、檐口标高为 5~8m 时，要在墙顶设置一道圈梁，檐口标高超过 8m 时，还应在墙的中间部位增设一道圈梁。在地震区，除在柱（墙）顶标高处设置圈梁外，沿墙高每隔 3m 左右最好增设一道；梯形屋架端部高度大于 900mm 时，还应在上弦标高处增设一道圈梁，截面高度不小于 180mm，宽度最好与墙厚相同。

柱网和剪力墙的布置既要满足使用功能要求，又要尽量使房屋开间、进深、层高统一，并尽可能采取构造或施工措施达到少设或不设变形缝。一般非地震区仅沿横向布置剪力墙，此时应优先将房屋的山墙、楼梯和电梯的墙做成剪力墙。地震区的高层建筑，常需纵横两个方向设置剪力墙，此时应尽量将两个方向的剪力墙相互联系起来，以增强剪力墙的刚度和抗扭、抗弯能力。剪力墙的平面布置应均匀、对称，竖向宜上、下贯通。变形缝两侧不能同时设剪力墙，否则应将缝宽加大，以便施工和拆模。剪力墙的厚度应大于或等于墙体净高的 1/30，且不小于 120mm。为确保抗侧力刚度，楼、屋盖不宜采用装配式；高度在 50m 以上的建筑，宜用现浇楼、屋盖；高度在 50m 以下者，可用装配整体式楼、屋盖。

第二节　建筑设备与建筑设计

一、建筑设备的作用与选择原则

建筑设备主要包括给水与排水、采暖通风与空气调节、建筑电气三大系统。此外，随着技术的进步，通信、智能系统等也成为建筑设备的重要组成。建筑设备属于建筑的物质技术条件，它的作用是保证和提高建筑的使用质量，为人们创造良好的生活和工作环境。

建筑设备的选择应遵循以下原则：

1. 充分适应建筑质量标准的要求

设备标准是建筑质量标准的一个重要方面，两者必须相适应。在高标准的建筑中选择低标准的设备和在低标准的建筑中选择高标准的设备，都是不可取的。

2. 满足设备的技术要求，确保功能的发挥

每种建筑设备都有自身的技术要求，如给水系统要考虑水量和水压，电气系统要考虑用电量和电压等。这些条件不具备，建筑设备就不能发挥应有的作用。

3. 应做到经济、合理、安全、方便。

4. 应满足建筑空间组合与艺术处理的要求。

二、室内给水与排水系统

（一）给水系统

民用建筑的给水系统主要有生活给水和消防给水。需要设置消防给水系统的建筑有：厂房、库房、高度超过 24m 的科研楼；超过 800 个座位的影剧院、俱乐部和超过 1200 个座位的礼堂、体育馆；体积超过 5000m 的商店、医院、学校等建筑物；超过七层的单元式住宅；超过六层的塔式住宅、通廊式住宅、底层设有商业网点的单元式住宅；超过五层

或体积超过 1000m³ 的其他民用建筑；国家级文物保护单位的重点砖木或木结构的古建筑。

一般室内消防给水是在各层适当位置布置消防箱，以保证消防水枪能射到建筑物的任何角落。有特殊要求的建筑和部位还应采取其他消防措施。

多层民用建筑一般由市政管道直接给水。当设有消防给水系统时，最好与生活给水系统合并共用。高层建筑和防火要求特别高的建筑，可采用水箱供水、水泵供水或水泵与水箱联合供水。生活给水和消防给水必须各自独立，甚至可将生活给水分成饮用水与非饮用水两个单独的系统。高层建筑常需分层供水，一般可以每十层左右设一给水系统，水箱设在设备层内。消防给水系统沿高度分区，控制消防水压不大于 80m 或建筑高度不超过 50m。消防给水系统可以与生活给水系统合用水箱，但应有独用的水泵和电源。

有的建筑还设有热水供应系统，给水方式多为下行上给式或上行下给式。

（二）排水系统

民用建筑的室内排水系统包括生活污水与雨水，一般采取分流制，也可以采用合流制。卫生要求高的，可以将厕所的排污与其他生活污水排放分开。雨水管的间距一般为 8~16m。

（三）建筑设计与给排水系统的关系

（1）用水房间在平面上应尽量集中布置，在竖向上下对齐，以利布置和节省管道。应避免将用水房间，特别是厕所布置在其他使用房间的直接上方，否则应设置设备层或采取其他措施以避免漏水。

（2）竖向管道在室内有明装和暗藏两种。暗藏又可分为设管道井或采取后包做法两种。管道井的断面应符合管道安装、检修所需空间的要求，并尽可能在每层靠走道一侧设检修门或可拆卸的壁板。同一管道井内不应敷设在安全、防火和卫生方面互有影响的管道。南方地区可将雨水管布置在室外，顺墙而下，并注意不要影响立面美观，必要时可藏入外墙的凹槽内。

（3）当建筑物内需设水泵间时，应考虑振动和噪声的不利影响，尽可能将其设在底层、地下室或半地下室内。如果在楼层中设水泵间，则最好将水泵间上下重叠，以免供水主管弯曲。

三、室内电气系统

（一）电气照明

室内照明方式有一般照明（整个场所或场所某部分照度基本均匀的照明）、局部照明（局限于工作部位的照明）和混合照明三种。照明线路的供电一般为单相交流 220V 二线制，当负载电流超过 30A 时，应考虑采用 380V/220V 的三相四线制供电。室内照明线路有明敷、暗敷两种方式。明敷采用瓷夹板、瓷珠、瓷瓶、铝卡片、木槽板或塑料槽板布线。暗敷可以穿塑料管、钢管敷设或采用塑料护套线直接埋入。

配电箱（盘）是接受或分配电能的装置，应安装在干燥、通风、采光良好、操作方便，同时又不影响美观的地方，通常设在门厅、楼梯间或走廊的墙壁内。它也有明装与暗藏两种安装方式，现多采用嵌墙暗装，暗装时箱底距地 1.5m。明装电度表板底口距楼地面不小于 1.8m。

当建筑内有用电量较大的电气设备时，也可以单独设立供电系统。

（二）建筑防雷

建筑物的防雷包括对直击雷、感应雷击和侵入波的防护，以防直击雷为主。防直击雷的保护装置由接闪器（避雷针、避雷带或避雷网）、引下线和接地极组成。由于避雷带较避雷针美观、安全，因而应用较多。

（三）建筑设计与电气系统的关系

（1）灯具的造型与安装高度对建筑空间处理与美观有一定影响，用灯光来烘托环境气氛也是建筑艺术处理的一种手段，所以建筑师与电气工程师应密切配合，精心设计。

（2）在现浇楼板中，导线穿管可埋入板内。如采用预制楼板，穿管有困难时，可在板上设 60~80mm 厚找平层，或置入吊平顶内。

（3）在高层建筑中，有时需将各户电度表集中装置在一间房内，称为电表房。电表房大多设在底层的电梯井或楼梯附近。为检修方便，有时还在每一层楼设分配电间或分配电箱。电表房的面积视电表数量而定，分配电间的面积不小于 8m，二者门都应外开。分配电箱应嵌墙暗装。

（4）要注意电源进户线和防雷装置引下线对建筑立面的影响。架空进户线的位置不宜选在建筑物的正面，必要时应采用埋地电缆引入。防雷引下线必要时可藏入墙面凹槽内，或利用柱内钢筋做引下线。

四、采暖通风与空气调节系统

（一）采暖系统

根据热媒不同，采暖系统可分为热水采暖、蒸汽采暖和热风采暖三种。热水采暖适用于长期间采暖的建筑，如住宅、医院、幼儿园、旅馆等。蒸汽采暖适用于短时间或间歇采暖的建筑，如学校、影剧院、食堂等。热风采暖多应用于局部采暖的建筑。根据作用范围不同，可分为局部采暖（热源和散热设备设在同一房间）和集中采暖（由一个热源同时向多个房间供热）。前者主要用于南方地区，后者主要用于北方地区。

（二）通风系统

某些工业生产过程会产生大量余热、粉尘、蒸汽和有害气体，在人员集中的公共建筑中人会产生大量热、湿和二氧化碳，为了改善室内空气环境，需要不断向室内送入新鲜空气，同时把污浊空气排出室外，这就是通风，又称换气。按通风方式不同，通风可分为全面通风和局部通风。按通风的机制不同，通风可分为自然通风和机械通风两种。

（三）空气调节系统

某些高标准的民用建筑，如宾馆、商店、影剧院等，往往要求室内的温度、湿度和清洁度全年都保持在一定范围内，此时用换气的办法已不能满足，而必须对送入的空气进行净化、加热或冷却、干燥或加湿等处理，这种通风方式就是空气调节，简称空调。按送风方式不同，空调系统可分为集中式空调、局部式空调和混合式空调三种。集中式空调是将各种空气处理设备和风机集中布置在专用房间内，通过风管同时向多处送风。它适用于风量大而集中的大空间建筑，如影剧院、体育馆、大会堂等。局部式空调是将空调机组直接放在需要空调的房间或相邻房间，就地局部处理房间的空气。它适用于住宅、宾馆、办公楼等。目前空调机组已大量定型生产，各种型号、规格的产品很多，用户可根据需要选用。混合式空调就是既有局部处理，又有集中处理的空调系统，适用于空间组成复杂，又要求能调节空气环境的公共建筑，如高级宾馆等。

（四）建筑设计与采暖通风及空调系统的关系

（1）采用集中式采暖和空调时，要妥善安排设备及管道的位置，既要满足自身的要求，又要不影响美观。建筑层高要考虑设备与管道占用的空间，要充分利用吊顶空间、桁架上、下弦之间的空间来布置设备与管道。

通设备系统对建筑物的围护结构提出了较高的要求。建筑的围护结构要进行热工计算，以确定其构造做法。门、窗也要做适当的密闭处理。

（3）采用集中式采暖和空调时，需要有相应的设备用房（如锅炉房、冷冻机房、空调机房等）和设施（如风管、管道、地沟、管道井、散热器、送风口、回风口等）。在建筑布局中，要恰当安排设备用房的位置和大小。各种设施的布置要与装修设计紧密配合。

（4）采用局部空调时，应考虑空调机组的位置，并与建筑立面处理结合起来。

（5）为了解决各种设备管网布置的衔接问题，高层建筑往往要设设备层。高度在30m以下的建筑通常利用底层或地下室、顶层作为设备层；30m以上的建筑还应根据给排水、通和电气的分区情况在适当层位上设设备层。设备层竖向布置的典型方式是：从楼地面上2.0m内放机器设备，以上0.75~1.0m高度内布置空调风道和各种管道，再上面0.6~0.75m高度内布置给排水管道，最上面0.6~0.75m范围为电气配线区。如果没有机器设备，或者将机器设备布置与管道布置错开，设备层的层高为2.6m左右。

第三节　建筑设计经济分析方法与主要技术经济指标

一、建筑经济分析评价方法

经济是我国建筑技术政策的重要组成部分。建筑从选址、勘察基地、设计、施工，直到使用与维修管理，无不包含着经济问题。因而，建筑师应从方案构思开始，便把经济问题放在一个重要位置来考虑。

目前，评价单体民用建筑设计的经济性，主要根据技术经济指标来进行，而每平方米建筑面积的造价是最重要的指标。但是，仅仅根据技术经济指标来评价建筑的经济性是很片面的，全面评价应从以下几方面进行。

（一）建筑技术经济指标

这些指标包括建筑面积、建筑系数、每平方米造价等。它是评价建筑经济性的重要指标。其中，每平方米造价最重要，它是建筑所消耗的工日、材料、机械以及其他费用的综合反映。在保证建筑的功能和质量标准的前提下，每平方米造价越低越经济。建筑系数也是一个重要的衡量指标。在保证安全的前提下，减小结构面积；在保证使用的条件下，提高有效面积系数，减少有效面积的体积系数或增加单位体积的有效面积系数，都能取得经济效果。但是，建筑经济分析必须具有全面观点，不能为追求较低的每平方造价而降低建筑质量标准，也不能因为追求各项建筑系数的表面效果而影响使用功能。过窄的楼梯，过低的层高，过小的辅助面积，既不好使用，又会因为需改建等原因造成更大的不经济。

此外，为了增加可比性，我国还将平均每平方米建筑面积的主要材料（钢材、木材、水泥和砖）消耗量作为衡量建筑经济性的一项指标。

（二）长期经济效益

要取得良好的长期经济效益，就需要恰当地选择建筑的质量标准。片面追求建筑费的节约而降低质量标准，不但影响建筑的使用水平，而且会增加使用期的维修费用，降低使用年限，从而造成浪费。一幢建筑使用期内各项费用的总和，通常比一次性建设投资大若干倍。德国对几种使用寿命为 80 年的典型住宅的费用分析表明，使用期间的维修费大约是建筑费的 1.3~1.4 倍。由此可见，注重建筑的长期经济效益，是取得良好经济效果的一个重要途径。基于这种原因，在建筑设计中，选择建筑的质量标准时，具有适当的超前意识是必要的。

（三）结构形式与建筑材料

分析表明，砖混结构房屋各部分造价占总造价的比例约为：基础 6%~5%，墙体30%~40%，楼、屋盖 20%~40%，门窗 10% 左右，设备 5%~10%。可见，结构部分对建筑的经济性影响很大。因此，在建筑设计时必须合理选择结构形式，并做好结构设计。

建筑材料的费用一般占工程总造价的 60%~70%。因此，合理选择材料，尽量就地取材和利用工业废料，并注意材料的节省，也是降低建筑造价的重要内容。

（四）建筑工业化

在建筑设计中，采用标准设计越多，工业化程度越高，对加快施工进度，提高劳动生产率，从而减少建设投资就越有利。

（五）适用、经济、技术和美观的统一

一切设计工作，都应力求在节约的基础上达到实用的目的，在合理的物质技术基础上努力创新，设计出既经济实用又美观大方的建筑来。一幢不适用的建筑实质上是一种浪费。技术上不合理的节约会带来不良后果。片面强调经济而不注意美观也不可取。

为了更科学地做好建筑的技术经济评价工作，我国建设部 1988 年制订了《住宅建筑技术经济评价标准》（JGJ47—88）。这个标准，建立了住宅建筑的评价指标体系，确定了评价指标的计算方法以及综合评价的方法，对搞好建筑的技术经济评价工作具有重要意义。

二、建筑设计中主要技术经济指标

（一）建筑面积

建筑面积是指建筑物勒脚以上各层外墙墙面所围合的水平面积之和。它是国家控制建筑规模的重要指标，是计算建筑物经济指标的主要单位。

对于建筑面积的计算规则，目前全国尚不统一。1995 年，建设部颁布的建筑面积计算规则，是国家基本建设主管部门关于建筑面积计算的指导性文件。各地根据这个文件也制订了实施细则。根据建设部规定，地下室、层高超过 2.2m 的设备层和贮藏室、阳台、门斗、走廊、室外楼梯以及缝宽在 300mm 以内的变形缝等，均应计入建筑面积，而突出外墙的构件、配件、附墙柱、垛、勒脚、台阶、悬挑雨篷等，不计算建筑面积。具体计算方法见《建筑经济评价与法规》课程。

（二）每平方米造价

每平方米造价也称单方造价，是指每平方米建筑面积的造价。它是控制建筑质量标准和投资的重要指标。它包括土建工程造价和室内设备工程造价，不包括室外设备工程造价、

环境工程造价以及家具设备费用（如教室的桌凳、实验室的实验设备、影剧院的座椅和放映设备）。

影响单方造价的因素很多，除建筑质量标准外，还受材料供应、运输条件、施工水平等因素影响，并且不同地区之间差异很大，所以只在相同地区才有可比性。

要精确计算单方造价较困难，通常在初步设计阶段可采用概算造价，在施工图完成后再采用预算造价。工程竣工后，根据工程决算得出的造价，是较准确的单方造价。

三、影响建筑设计经济的主要因素及提高经济性的措施

（一）建筑物平面形状与建筑物平面尺寸的影响

建筑物的平面形状与建筑物的平面尺寸（主要是面宽、进深和长度）不同，其经济效果也不同，主要表现在三方面。

1. 用地经济性不同

用地的经济性可用建筑面积的空缺率来衡量。空缺率越大，用地越不经济。

建筑物的进深也会影响用地的经济性。建筑物的进深越大，越能节约用地。对居住建筑来说，每户面宽越小，用地也越省。

2. 基础及墙体工程量不同

基础及墙体工程量的大小，可用每平方米建筑面积的平均墙体长度来衡量。该指标越小越经济。考虑到内墙、外墙、隔墙造价不同，通常分别统计，以利于比较。由于外墙造价最高，因而缩短外墙长度对经济性影响最显著。一般来说，建筑物平面形状越方正，基础和墙体的工程量越小；建筑物的面宽越小，进深越大，基础和墙体工程量也越小。

3. 设备的常年运行费用不同

方正的建筑平面，较大的进深和较小的面宽，可使外墙面积缩小，建筑的热稳定性提高，这对减少空调与采暖费用是有利的。

综上所述，进行建筑平面设计时，应力求平面形状简洁，减少凹凸；适当增大建筑的进深与缩小面宽；另外，减少建筑幢数，增加建筑长度也可节省用地。

（二）建筑层数与层高的影响

适当增加建筑层数，不仅可以节约用地，而且可以减小地坪、基础、屋盖等在建筑总造价中所占的比例，还可降低市政工程造价。在保证空间使用合理性的前提下，适当降低层高，选择经济的建筑层数，是降低建筑造价的有效措施。

（三）建筑结构的影响

从上部结构看，应选择合理的结构形式与布置方案。例如，对六层及其以下的一般民

用建筑，选用砖混结构是经济合理的，但对需要大空间的建筑，则可能采用框架结构更经济合理。再如，在对住宅的厕所、厨房进行结构布置时，是采用小开间的墙支承小跨度板的方案，还是采用大跨度板支承隔墙的方案，应通过技术经济比较后确定。

对于基础，一是选择基础材料要因地制宜，二是要采用合理的基础形式，三是要确定安全而经济的基础尺寸与埋深，以降低造价。

（四）门、窗设置的影响

从单位面积来看，门、窗的造价大于墙体，特别是铝合金门、窗可达 10 余倍。据分析，在一套面积为 $42m^2$ 的住宅中，墙厚 240mm，如果将采光系数由 1/8 提高到 1/6，使用普通木窗，则每平方米造价将上升 0.5% 左右。此外，门、窗的数量与面积还将影响采暖和空调系统的运行费用。因此，设计中应避免设置过多、过大的门、窗。

（五）建筑用地的影响

增加用地，不但会增加土地征用费，还会增加道路、给排水、供热、燃气、电缆等管网的城市建设投资。除上面已提到的节约土地措施外，在建筑群体布置中，也应合理提高建筑密度，选择恰当的房屋间距，使布局紧凑。

参 考 文 献

[1] 李军，李辉.一种装配式建筑设计的多层结构屋顶，CN202222096569.5[P].2023.

[2] 姜倩.木结构景观建筑设计探究：以溧阳1号公路驿站为例[J].门窗，2023(5):3.

[3] 折娜.建筑设计在煤矿井井下水处理项目中的设计要点[J].中国科技投资，2023(3):3.

[4] 罗玮，王嘉文.建筑设计企业BIM技术组织模式的有序度评价[J].建筑与装饰，2023(4):3.

[5] 朱凯，李云鹏.预制装配式建筑设计施工一体化研究[J].石材，2023(1):3.

[6] 胡博洋.地域文化元素在高铁站房建筑设计中的应用：以鹤壁东站为例[J].北方建筑，2023，8(1):4.

[7] 刘凌，张龙飘，葛文雨，等.基于景观设计的建筑设计样品移动展示机构及其操作方法，CN202211213511.2[P].2023.

[8] 曹阳.装配式剪力墙高层住宅建筑设计技术要点分析[J].智能城市，2023，9(3):3.

[9] 胡心青.房地产项目建筑设计管理相关思考[J].中国住宅设施，2023(2):3.

[10] 王国霖，吴云龙，公厉智，等.BIM技术在某装配式节能建筑设计实践过程中的应用研究[J].粘接，2023，50(2):4.

[11] 刘学民.2023华东建筑设计研究院暖通技术论坛成功举办[J].暖通空调，2023，53(4):1.

[12] 高彩霞，陆海，巴拉卡卡·乔吉·德思汀.浙东传统街区更新与建筑设计2020[J].文艺研究，2023(3):1.

[13] 何锐.大庆市城建与规划展示馆建筑设计鸟瞰图2019[J].文艺研究，2023(3):1.

[14] 赵思童.光伏新能源技术在建筑设计中的应用[J].电池，2023，53(1):2.

[15] 吴玉燕.数据规整工具在建筑设计方案技术指标核实中的应用[J].测绘与空间地理信息，2023，46(2):3.

[16] 叶迅荣，杨杰.建筑设计过程：器具的造型设计方法在建筑设计中的应用[J].建筑学报，2023(3):1.

[17] 柏洁，朱宁涛，刘燕，等.雄安城市计算中心建筑设计[J].建筑科学，2023，39(1):11.

[18] 代晓丽.BIM技术在建筑设计改造中的应用分析[J].工程抗震与加固改造，

2023，45(1):1.

[19] 马艳秋，周金将，周琪琪，等 . 装配式超低能耗木结构建筑设计 [J]. 建筑技术，2023，54(7):4.

[20] 曹家兴 . 建筑电气工程设计及施工中的接地问题思考 [J]. 中文科技期刊数据库 (全文版) 工程技术，2023(4):4.

[21] 刘旭凯 . 房屋建筑结构设计中应用优化技术的探讨 [J]. 中文科技期刊数据库 (文摘版) 工程技术，2023(4):4.

[22] 方伟 . 建筑设计中的生态建筑设计 [J]. 地产，2023(3):4.

[23] 刘馨阳，李广军，肖永 . 住宅建筑设计原理课程教学改革研究与实践 [J]. 科技风，2022(22):97-99.

[24] 朱星平 . 居住建筑设计原理教学改革探索 [J]. 大学教育，2022(5):56-59.

[25] 叶建功 . 浅谈土木工程专业房屋建筑学课程设计教学方法 [J]. 中文科技期刊数据库 (引文版) 教育科学，2022(7):4.